Inhalt

Vorwort

Prof. Dr. Christian Ernst
Fachhochschule Köln

Die Frage, ob man erfolgreiches Führungsverhalten lernen kann, beschäftigt Wissenschaftler schon seit Generationen. Auch Manager, angehende Führungskräfte und Studenten werfen – mit Blick auf die eigene Berufsbiografie – immer wieder die Frage auf, was man tun kann, um die Methoden und Techniken erfolgreicher Mitarbeiterführung zu erlernen. Nicht nur deutsche Hochschulen vermitteln seit Jahrzehnten ihren Studenten in einigen Disziplinen die Klassiker der Führungs- und Motivationstheorien. Angefangen bei Lewin und Maslow über Herzberg und Fiedler bis hin zu neueren Modellen werden Generationen von Studenten Theorieansätze vermittelt, die oftmals lediglich auf interessanten Ideen und empirischen Forschungsergebnissen basieren. Ein umfassender Ansatz ist keinem gelungen!

Vermutlich ist das Studium von Führungs- und Motivationstheorien noch keine hinreichende Bedingung, um gute und erfolgreiche Führungskräfte zu generieren. Dennoch hat man in das Curriculum zahlreicher Studiengänge genau diese Theorieansätze aufgenommen und versucht damit, den Grundstein für die Ausbildung der zukünftigen Manager zu legen. Didaktisch greift die Vermittlung von reinem Theoriewissen jedoch viel zu kurz. Deshalb wird in diesem Lern- und Arbeitsbuch versucht, Theorie und Praxis in didaktisch ansprechender Form miteinander zu verbinden. Die klassischen Führungs- und Motivationstheorien werden eingebunden in eine interessante Story, die ich gemeinsam mit engagierten Studierenden entwickelt habe.

Die Protagonistin der Story, Susanne Lorenz, ist eine Hochschulabsolventin, die schon kurz nach dem Studium in Schritten in die Führungsverantwortung hineinwächst. Im Rahmen der Geschehnisse, die in prosaischer Form dargestellt werden, entstehen immer wieder klassische Entscheidungssituationen, die der Leser gemeinsam mit der Hauptfigur „durchlebt“. Dabei werden, je nach Entscheidung, unterschiedliche Handlungsstränge entwickelt, die den Leser herausfordern, sich intensiv mit Führungsentscheidungen auseinanderzusetzen. Immer wieder wird die Story durch Lernboxen ergänzt, durch die die Ereignisse der Story mit klassischen Führungs- und Motivationstheorien in Verbindung gebracht werden. Es handelt sich – in literarischer Freiheit – förmlich um eine Auferstehung der Väter der Führungslehre, die der jungen Managerin immer wieder wertvolle Tipps geben. Dadurch werden Theorieansätze lebendig und deren praktische Relevanz verdeutlicht.

Kohorten von Studenten und Nachwuchsführungskräften haben sich in ihrer Ausbildung mit trockener Theorie gequält. Dieses Buch soll aufzeigen, dass Theorie nicht trocken sein muss, sondern im Lichte ihrer praktischen Bedeutung durchaus spannend sein kann. Das Erlernen von Theorien und wissenschaftlichen Modellen soll damit didaktisch bereichert werden.

Mein besonderer Dank gilt Verena Schaldenat und Christoph Schaaps, die an der Erstellung dieses Buches maßgeblich beteiligt waren. Auch Anne Kronenberg hat lange an der Erstellung des Werkes mitgearbeitet und wesentliche Beiträge geliefert. Zugleich danke ich meiner Frau, Sabine Ernst, für wertvolle Anregungen und meinen Töchtern, Katharina und Julia, für das Verständnis, dass engagierte Arbeit Zeit absorbiert, die für das Familienleben verloren geht.

Ich würde mich freuen, wenn Sie, liebe Leser, sich herausgefordert fühlen, Feedback zu diesem Buch zu geben oder für eine Fortsetzung der Story Anregungen zu liefern. Ich bin gespannt auf Ihre E-Mail an christian.ernst@fh-koeln.de.

Prof. Dr. Christian Ernst
Fachhochschule Köln
Cologne University of Applied Sciences
Claudiusstr. 1
50678 Köln

Handlungsanleitung für dieses Lern- und Arbeitsbuch

Liebe Leserinnen, liebe Leser,

bevor Sie in die Lektüre einsteigen, möchten wir Ihnen vorab einige Hinweise zum Umgang mit dem vorliegenden Buch geben:

„Endlich Chefin" erzählt die Geschichte von Susanne Lorenz, einer Hochschulabsolventin der Fachhochschule Köln, die bereits kurz nach ihrem Studium Schritt für Schritt in eine Führungsposition hineinwächst. Wie auch im realen Berufsleben steht die Hauptdarstellerin immer wieder vor klassischen Entscheidungssituationen, welche Sie – als Leser gemeinsam mit der jungen Führungskraft durchleben können. Um sich intensiv mit diesen Führungsentscheidungen auseinanderzusetzen, werden Sie von Zeit zu Zeit vor die Wahl gestellt, wie die aufgeworfene Fragestellung von der Protagonistin gelöst werden soll: „Wie würden Sie entscheiden?" Wenn Sie als Leser entscheiden sollen, ist dies mit dem Symbol ⊙ gekennzeichnet. Folgen Sie dann dem Handlungsstrang, der Ihrer Meinung nach der Richtige ist.

Als Lern- und Arbeitsbuch wird die Story durch *Lern-, Info- und Aufgabenboxen* ergänzt. Diese Abschnitte sollen Sie dabei unterstützen, Wissen aufzubauen, zu vertiefen und einzuüben.

Bei den ***Lernboxen*** handelt es sich – in literarischer Freiheit – förmlich um eine Auferstehung einflussreicher Persönlichkeiten der Führungslehre, die der Nachwuchsmanagerin immer wieder zur Seite stehen und wertvolle Tipps geben. Dadurch werden Frau Lorenz` Erlebnisse im Berufsalltag in lebendiger Form mit den klassischen Theorienansätzen in Verbindung gebracht. ***Infoboxen*** bieten Ihnen sinnvolle Hintergrundinformationen. Die Infoboxen finden Sie immer dort, wo zusätzliche fachspezifische Hinweise zum besseren Verständnis der Ereignisse beitragen. Und ***Aufgabenboxen*** sollen Sie als Leser herausfordern, sich noch intensiver mit den Führungsherausforderungen der beschriebenen jungen Frau auseinanderzusetzen, und Ihnen die Möglichkeit bieten, Ihr Wissen zu testen. Die entsprechenden Lösungsansätze finden Sie am Ende des Buches. Im ***Who is who?*** finden Sie die Porträts der wichtigsten Nebendarsteller: Familie, Freunde und Kollegen der Protagonistin werden hier eingehend vorgestellt, und Sie erfahren mehr über die Stärken und Schwächen der handelnden Personen. Zum Abschluss werden Ihnen im ***Anhang*** noch einige Literaturhinweise gegeben.

Hinweis: Lediglich aus Gründen der Praktikabilität und besseren Lesbarkeit wird darauf verzichtet, jeweils männliche und weibliche Personenbezeichnungen zu verwenden.

A So eine Überraschung

Es gibt Tage, da steht man morgens auf und könnte die Welt umarmen: „Das wird mein Tag.“ Susanne Lorenz steht die Freude ins Gesicht geschrieben. Sie hat es sich an ihrem kleinen Frühstückstisch gemütlich gemacht, nippt an ihrem leicht gesüßten Cappuccino und denkt an den gestrigen Nachmittag. „Dass gerade ich, wo ich erst seit zwei Jahren im Beruf bin, die Projektleitung übertragen bekommen habe, macht mich doch richtig stolz.“ Am Vortag bat Gerd Hoffmann, der Leiter der Marketingabteilung der KESS BauMa GmbH, kurz vor Feierabend seine Mitarbeiterin Susanne Lorenz in sein Büro, setzte seine im Marketing schon bekannte gönnerhafte Miene auf und eröffnete ihr die frohe Nachricht.

Hoffmann, der mit seiner altmodischen Brille und den meist blaufarbenen Hemden und geblümten Krawatten immer ein wenig altbacken wirkt, kam sofort zur Sache: „Ich habe mir überlegt, dass ich Ihnen die Projektleitung der neuen Frühjahrskampagne ‚Flower Power' übertragen möchte!“ Der väterlich wirkende Vorgesetzte hielt einen Moment inne, um die Reaktion seiner jungen Mitarbeiterin zu beobachten.
Üblicherweise kümmert sich der agile Marketingleiter selbst um solch wichtige Kampagnen. Doch aufgrund der derzeitigen zeitlichen Engpässe hat er sich entschieden, Susanne Lorenz das Vertrauen zu geben. Und das, obwohl ihm natürlich bewusst ist, dass andere Mitarbeiter seiner Abteilung deutlich länger im Unternehmen sind und sicher auch gerne diese Aufgabe übernommen hätten. Aber Marketing ist für Hoffmann eben ein knallhartes Geschäft und da muss man schauen, dass höchstmögliche Kompetenz zur Geltung kommt. Er hatte sich deshalb nach reiflicher Überlegung für Susanne Lorenz entschieden und amüsierte sich ein wenig über den Stolz, der sich sanft in Susannes Gesicht auszubreiten scheint.

Bei dem Projekt geht es um die konsequente Umsetzung der von der Konzernleitung gesetzten Ziele und der sich daraus ableitenden Aufgaben. Die KESS BauMa GmbH blickt auf vier sehr erfolgreiche Jahre zurück. In der letzten Jahresbilanz konnte der Konzern nochmals einen Gewinnanstieg von 12 Prozent verbuchen. Kontinuierlich wird konzernweit auf das Ziel der Marktführerschaft hingearbeitet. Der Fokus liegt dabei hauptsächlich auf dem bundesweiten Aufbau neuer Filialen. Jedoch darf der Ausbau des Bekanntheitsgrades und des Unternehmensimages nicht vernachlässigt werden. Ohne Kunden kein Umsatz, ohne Umsatz kein Gewinn. Aus diesem Grund wurde schon im vergangenen Sommer eine neue Marketingstrategie ins Leben gerufen: „Jahreszeitenbezogene Kundenwerbung". Mit diesem Konzept scheint der Baumarkt bei seiner Kundschaft voll ins Schwarze getroffen zu haben. Zum nahenden Frühjahr wurde nun unter Hochdruck das Projekt „Flower Power" konzipiert. Der Erfolg der Kampagne trägt auch einen Großteil zur Platzierung im Ranking der umsatzstärksten Baumärkte bei, welches traditionell im Herbst erscheint.

Susanne Lorenz ist eine 28 Jahre junge, dynamische Mitarbeiterin der Marketingabteilung, die nach einer Berufsausbildung als Industriekauffrau bei Ford ein BWL-Studium an der Fachhochschule Köln mit Bestnoten abgeschlossen hat. Es verwundert nicht: Denn Susanne Lorenz ist nicht nur sehr aufstiegs- und karriereorientiert und fordert viel von sich selbst, sondern sie ist zudem sichtbar selbstbewusst und kommunikativ – alles Eigenschaften, die für eine erfolgreiche berufliche Karriere sehr förderlich sind.

Vor zwei Jahren ist die junge und auffallend hübsche Frau als Marketingassistentin bei der KESS BauMa GmbH eingestiegen. Da sie damals einige Stellen zur Auswahl hatte, ist der agilen Rheinländerin die Entscheidung nicht leichtgefallen. Das Unternehmen ist eine Baumarktgruppe mit 3.500 Mitarbeitern in Deutschland, mit einer zunehmend internationalen Ausrichtung, wenn auch die ausländischen Standorte derzeit noch spärlich sind. In der Unternehmenszentrale in Köln arbeiten 550 Mitarbeiter.

Mit ihren ersten zwei Berufsjahren im zentralen Marketing kann Susanne wirklich zufrieden sein. Gerd Hoffmann, ihr Chef, ist zwar eine zuweilen sehr konsequente und fordernde Führungskraft, aber sie hat schon in den ersten 24 Monaten ihrer Berufskarriere viel vom ihm gelernt. Er selbst beschreibt Susanne Lorenz, die aus einem gutbürgerlichen Haus stammt und vor der Berufsausbildung ein katholisches Mädchengymnasium besucht hat, als fachlich sehr kompetent, kommunikationsstark und auch zielstrebig. Susanne arbeitet im Schnitt zehn Stunden täglich und ist jederzeit bereit, auch ihre Abendstunden für den Job zu opfern. Solche Mitarbeiter möchte man als Marketingchef nicht missen. Und er hat sich Frau Lorenz im Rahmen ihrer Diplomarbeit, die sie im Unternehmen absolviert hat, ja auch selbst ausgesucht.

Aber natürlich ist diese junge Frau nicht nur perfekt: Wenn Entscheidungen zu treffen sind, tut sich Susanne Lorenz etwas schwer: So war vor einigen Wochen auch für ihren Chef offenkundig, wie schwierig es für Frau Lorenz war, als sie sich für einen von drei Plakatentwürfen entscheiden musste, die eine Agentur erarbeitet hatte. Man konnte die Diplom-Kauffrau dabei als risikoscheu und „kleinkariert" erleben. Bei allen Entwürfen fielen ihr mehr Bedenken ein, als dass sie positive Aspekte gesehen hätte.

Wenn man Hoffmann selbst direkt auf die Defizite der jungen Mitarbeiterin ansprechen würde, käme als spontane Antwort: Susanne neigt dazu, kritische, aber durchaus gut gemeinte Anmerkungen des Vorgesetzten oder der Kollegen schnell persönlich zu nehmen, und reagiert beleidigt. Dass sie sich immer sofort angegriffen fühlt und rechtfertigt, geht den anderen manchmal gehörig auf die Nerven.

Susanne Lorenz hat jedoch nicht nur den Beruf im Kopf. Nein, auch ihr Freund, Sven Hagenwald, mit dem sie bereits seit drei Jahren zusammen ist, spielt in ihrem Leben eine durchaus gewichtige Rolle. Schade findet sie nur, dass Sven seit seinem Studienabschluss vor sechs Monaten in München bei PROFIT, einer namhaften Unternehmensberatung, arbeitet und die gemeinsame Zeit nun nur noch auf das Wochenende fällt. An so eine Wochenendbeziehung muss man sich erst gewöhnen, denkt Susanne manchmal.

Den Rest ihrer knappen Freizeit verbringt Susanne Lorenz am liebsten mit ihren Freunden. Darüber hinaus setzt sie sich durch ihre eloquente Art als ehrenamtliches Mitglied im Vereinsvorstand des Tennisclubs Porz e. V. gelegentlich richtig gut in Szene. Denn eines kann die lebendige Rheinländerin schon wirklich gut: Akzente setzen und die Dinge vorantreiben, obwohl genau das anderen manchmal „sauer aufstößt", da sie zu Alleingängen neigt.

Ihre Mutter, Elfriede Lorenz, würde behaupten, dass sie die Durchsetzungsstärke nicht vom Vater hat, der als Sachbearbeiter im Finanzamt Köln seine Brötchen verdient. Die Mutter ist Krankenschwester an der Universitätsklinik Köln und kann aufgrund ihrer starken Persönlichkeit schon eher als „Genlieferantin" dieser dynamischen jungen Frau gelten. Die Mutter kennt ihre Tochter natürlich sehr genau: „Schon als Kind ist sie gerne mal mit dem Kopf durch die Wand...", so der Originalton der Mutter. Susannes Vater Günther schätzt an seiner Tochter vor allem die Ausdauer, mit der sie ihre Ziele verfolgt, und sieht dies zuweilen auch als familiäres Substitut für seine eigene Bequemlichkeit, die seinen beruflichen Erfolgen Grenzen gesetzt hat.

Wenige Tage, nachdem der Marketingchef ihr seine Entscheidung mitgeteilt hat, ist die erste Euphorie verflogen. „Nun soll ich also eine erste Führungsaufgabe als

Projektleiterin übernehmen", schießt es Susanne Lorenz durch den Kopf. „Ob ich dieser Aufgabe gewachsen bin? Ob mich vor allem die älteren Kollegen als Projektleiterin akzeptieren werden? Ob ich überhaupt geeignet bin für eine Führungsaufgabe und die große Verantwortung?" Fragen über Fragen, die Susanne Lorenz an diesem Tag verfolgen. Leise Zweifel kommen auf. Und noch wäre es ja nicht zu spät, dem Marketingleiter für den Vertrauensbeweis zu danken, aber die Offerte freundlich abzulehnen. Susanne Lorenz denkt darüber nach, ob sie selbst aufgrund ihrer Persönlichkeit für diesen Job geeignet ist.

Aufgabenbox

Was denken Sie? Erstellen Sie anhand der beigefügten Checkliste ein kleines Persönlichkeitsprofil von Susanne Lorenz, um die Frage der Eignung für die Projektleitung zu klären. Hinweise dafür finden Sie im einleitenden Text.

	☹☹	☹	😐	☺	☺☺
Durchsetzungsfähigkeit					
Einsatzbereitschaft					
Entscheidungsstärke					
Initiative					
Kommunikationsfähigkeit					
Problemlösungsfähigkeit					
Belastbarkeit					
Teamfähigkeit					
Verantwortungsbereitschaft					
Kritikfähigkeit					

Nun bleibt nur noch die Frage, ob Susanne Lorenz mit diesen Persönlichkeitsmerkmalen tatsächlich für eine Führungsaufgabe geeignet ist.

WIE WÜRDEN SIE ENTSCHEIDEN?

⊙ *Wenn Sie der Meinung sind, Susanne Lorenz sollte den Job als Projektleiterin annehmen,* **lesen Sie bitte weiter bei A1 (Seite 15).**

⊙ *Wenn Sie der Meinung sind, Susanne Lorenz ist nicht optimal für den Job als Projektleiterin geeignet,* **lesen Sie bitte weiter bei A2 (Seite 17).**

A1 Susanne Lorenz ist geeignet

Sie sind also der Meinung, Susanne Lorenz wird die Projektleitung meistern. Gut so! Warum sollte Susanne auch nicht als Gruppenleiterin bestehen und erfolgreich sein? Sie selbst kommt nach reiflicher Überlegung auch zu der Erkenntnis, dass sie es sich zutrauen kann. Ihr Selbstbild sieht folgendermaßen aus:

	☹☹	☹	😐	☺	☺☺
Durchsetzungsfähigkeit				x	
Einsatzbereitschaft					x
Entscheidungsstärke		x			
Initiative			x		
Kommunikationsfähigkeit				x	
Problemlösungsfähigkeit				x	
Belastbarkeit				x	
Teamfähigkeit		x			
Verantwortungsbereitschaft					x
Kritikfähigkeit		x			

Susanne denkt, es kann nicht falsch sein, sich der eigenen Stärken und Schwächen bewusst zu sein, besonders dann, wenn so wichtige Entscheidungen anstehen. Dass sie selbst noch nicht die perfekte Führungskraft ist, ist Susanne also klar.

Heute verkündet sie ihrem Chef, dass sie die Projektleitung gerne übernimmt und sich auf diese Aufgabe freut.

⊙ *Lesen Sie nun die Lernbox „Eigenschaftstheorien" auf* **Seite 18**. *Dort können Sie erfahren, wie die Wissenschaft den Zusammenhang zwischen den Persönlichkeitsmerkmalen der Führungskraft und dem Führungserfolg einschätzt.*

A2 Susanne Lorenz ist nicht geeignet

Sie glauben also aufgrund Ihrer Persönlichkeitsanalyse, dass Susanne Lorenz nicht geeignet ist, als Gruppenleiterin zu bestehen und erfolgreich zu sein? Schauen Sie doch einmal, wie Susanne Lorenz sich selbst einschätzt:

	☹☹	☹	😐	☺	☺☺
Durchsetzungsfähigkeit				×	
Einsatzbereitschaft					×
Entscheidungsstärke		×			
Initiative			×		
Kommunikationsfähigkeit				×	
Problemlösungsfähigkeit				×	
Belastbarkeit				×	
Teamfähigkeit		×			
Verantwortungsbereitschaft					×
Kritikfähigkeit		×			

Nachdem Susanne dieses Selbstbild erstellt hat, weiß sie nicht so recht, wie sie sich entscheiden soll. In solchen Situationen spricht sie am liebsten mit Vertrauten darüber, was sie tun soll. An einem Abend trifft sie sich mit Patrick Hager, einem alten Schulfreund, der heute als Personalreferent in einem mittelgroßen rheinischen Unternehmen arbeitet. Für den Abend hat Susanne sich mit ihm verabredet. Patrick kennt Susanne sehr gut und hat ihre Selbstzweifel schon bei früheren Gelegenheiten kennengelernt. Nach einem ausgiebigen Abendessen in der Kölner Südstadt, unweit des Chlodwigplatzes und der Fachhochschule, in der Susanne studiert hat, entzündet sich eine hitzige Diskussion zwischen den beiden. Patrick ist tatsächlich ein Motivationstalent und schafft es innerhalb von drei Stunden und fünf Gläsern „Kölsch“, die Zweifel bei Susanne zu zerstreuen. „Ich habe schon ganz andere gesehen, die eine solche Projektleitung gestemmt haben. Dann schaffst du das doch mit links", schlussfolgert Patrick mit einem Lächeln auf den Lippen. Susanne fühlt sich sichtlich geschmeichelt und geht gestärkt aus diesem Gespräch. Bei Patrick bleibt insgesamt das Gefühl, dass Susanne entscheidungsstärker sein sollte. „Das muss sie eben noch lernen", denkt er bei sich. Am nächsten Tag verkündet Susanne – gestärkt durch den Zuspruch von Patrick – ihrem Chef, dass sie die Projektleitung gerne übernimmt und sich auf diese Aufgabe freut.

⊙ *Lesen Sie nun die nachfolgende Lernbox. Dort können Sie erfahren, wie die Wissenschaft den Zusammenhang von Persönlichkeitsmerkmalen der Führungskraft und dem Führungserfolg einschätzt.*

Lernbox

Eigenschaftstheorien

Gerade in ihr Büro zurückgekehrt, greift Susanne zum Telefonhörer und wählt die Nummer ihrer Patentante. Marianne ist eine von drei Schwestern ihrer Mutter und war in beruflicher Hinsicht immer so etwas wie ein Vorbild für Susanne. Nach einer kaufmännischen Ausbildung in einem renommierten Verlagshaus und zahlreichen Weiterbildungen an verschiedenen Abendschulen hatte sie sich bei jenem Verlag fleißig die Karriereleiter hinaufgearbeitet. Schließlich hatte sie es vor einigen Jahren dann endlich in die lange ersehnte Führungsposition geschafft. Dieses Engagement und diese zielstrebige Hartnäckigkeit hat Susanne immer bewundert und sich zum Vorbild gemacht, und dementsprechend stolz war sie jetzt, ihrer Patentante berichten zu können, dass sie eine Projektleiteraufgabe übernimmt.

Nach kurzem Austausch der üblichen Nettigkeiten fällt Susanne dann auch schnell mit der Tür ins Haus. Die Neuigkeit platzt förmlich aus ihr heraus. Sie berichtet ihrer Patentante aber auch von ihren Zweifeln. Daraufhin entgegnet ihre Tante: „Als ich damals vor einer ähnlichen Entscheidung stand, wollten mir auch einige ältere Kollegen Ratschläge geben. Damals waren die allerdings nicht besonders nett gemeint, denn vorherrschende Meinung war in den starren Köpfen dieser Leute zumeist noch das, was man heute die **„Great Man Theory"** nennt. Die Leute waren damals vielfach noch von dem Gedanken überzeugt, dass der Führungserfolg ausschließlich und unmittelbar von den Eigenschaften einer Führungskraft bestimmt wird."

Historisch basiert die Behauptung, dass der Führungserfolg hauptsächlich auf Merkmalen der Person aufbaut, auf der Analyse erfolgreicher Persönlichkeiten, z. B. Mahatma Ghandi, Winston Churchill und Henry Ford. Sechs Eigenschaftsmerkmale lassen sich in den meisten Studien dieser Zeit finden:

1. **Physische Charakteristika**
   (Alter, Erscheinungsbild, Größe, Gewicht)
2. **Soziale Herkunft**
   (Ausbildung, sozio-ökonomische Stellung)
3. **Fähigkeiten**
   (Urteilskraft, Wissen, Ausdrucksfähigkeit)
4. **Persönlichkeit**
   (Anpassungsfähigkeit, Dominanz, Selbstvertrauen)
5. **Aufgabenbezogene Charakteristika**
   (Leistungsmotiv, Verantwortungsbewusstsein, Initiative, Ausdauer, Aufgabenorientierung)
6. **Soziale Fähigkeiten und Fertigkeiten**
   (Kooperationsbereitschaft, Popularität, interpersonelle Kompetenz)

Tante Marianne, die bei solchen Gelegenheiten gerne einmal mit akademischer Attitüde auftrumpft, erläutert: „Vorherrschend war vielfach die Meinung, dass das Training solcher Eigenschaften kaum möglich sei. Ich erinnere mich noch genau an die Worte eines Kollegen, der zu mir sagte: ‚Frau Kohnen, als Führungsperson wird man geboren, das kann man nicht lernen.' Du kannst dir vorstellen, was ich davon gehalten habe. Mittlerweile gilt das alles ja auch längst als überholt und empirisch nicht nachweisbar."

Susanne entgegnet: „Was ich allerdings einigermaßen interessant finde, ist das ‚**Fünf-Faktoren-Modell**' von Howard/Howard, einer der jüngsten Ansätze der sogenannten Eigenschaftstheorien." Unter den **„Big Five"** werden folgende Persönlichkeitsdimensionen verstanden:

- **Extraversion**
  (Merkmale: gesellig, gesprächig, großzügig, bestimmt, dominant, aktiv, impulsiv, durchsetzungsfähig, initiativ)
- **Emotionale Stabilität**
  (Positive Merkmale: ruhig, enthusiastisch, sicher. Negative Merkmale: angespannt, ängstlich, deprimiert, verlegen, emotional, leicht verärgert, besorgt, unsicher)
- **Verträglichkeit**
  (Merkmale: freundlich, höflich, flexibel, vertrauensvoll, kooperativ, tolerant, versöhnlich, gutherzig)
- **Gewissenhaftigkeit**
  (Merkmale: zuverlässig, sorgfältig, verantwortungsbewusst, planvoll, organisiert, leistungsorientiert, ausdauernd)

- **Offenheit für Erfahrung**
  (Merkmale: einfallsreich, kultiviert, originell, vielseitig, aufgeschlossen, intellektuell)

Im Rahmen der Eigenschaftstheorien sind in den vergangenen Jahrzehnten mehrere Langzeitstudien durchgeführt worden, die einen positiven Zusammenhang zwischen Persönlichkeitsmerkmalen und dem beruflichen Status nachweisen konnten. Allerdings werden auch hier solche Dinge wie Intelligenz, sozialer Habitus (Umgangsformen, unternehmerisches Denken, Kleidung/Stil, persönliche Souveränität und Selbstsicherheit) und soziale Herkunft meist außer Acht gelassen.

„Na ja, du kannst dir ja denken, dass ich nicht wirklich von diesen Theorien überzeugt bin, da diese doch zu einseitig ausgerichtet sind“, offenbart die Patentante in resoluter und doch eher undogmatischer Form ihre Meinung. „Ich freue mich dennoch wahnsinnig für dich und glaube, dass du dir diese Aufgabe zu Recht zutraust. Ich bin davon überzeugt, dass du das schaffst. Und wenn du mal nicht so richtig weiter weißt und ein bisschen Zuspruch brauchst, dann weißt du ja, wo du mich findest. Dann rufst du einfach an, oder vielleicht treffen wir uns ja auch bald mal wieder. Deine Mutter hat doch bald Geburtstag. Also spätestens dann sehen wir uns ja. Ich muss jetzt aber hier auch mal weitermachen.“

Susanne ist so froh über die Worte ihrer Patentante, dass sie gar nicht gemerkt hat, dass sie mit großen Augen, gebannt lauschend, in ihrem Büro gesessen hat, ohne selbst viel zu dem Gespräch beigetragen zu haben. „Nun aber an die Arbeit“, denkt sie. Als sie bemerkt, dass sie etwa fünf Minuten lang gedankenverloren in einem Stapel Unterlagen gekramt hat, wird ihr klar, wie sehr die neue Situation ihre Gedanken absorbiert.

B Der Auftakt

Ein dreimonatiges Projekt zu leiten ist sicher keine unlösbare Aufgabe. Aber selbst das Sagen zu haben und die volle Verantwortung für den Projekterfolg, das ist doch nun wirklich eine neue Herausforderung. Und immer wieder kreisen Susannes Gedanken darum, wie wichtig gerade diese Frühjahrskampagne für den geschäftlichen Erfolg des ganzen Unternehmens ist. Kein Wunder, dass bisher immer der Marketingleiter dafür verantwortlich war. Nachdem Susanne Lorenz sich einige Tage Gedanken über den Projektverlauf gemacht hat, erkennt sie, dass natürlich auch die verfügbaren Ressourcen sehr wichtig sind. Das Budget für die Frühjahrskampagne ist traditionell gut ausgestattet. Auch zeitlich ist es in drei Monaten zu schaffen, eine gute „Frühjahrskampagne" auf die Beine zu stellen. Was ihr jedoch Kopfzerbrechen bereitet, ist die personelle Aufstellung des Projektteams. Bislang weiß Susanne über „ihr Team" nur das, was Herr Hoffmann ihr in seiner letzten Mail eröffnet hat.

Liebe Frau Lorenz,

leider können wir uns nicht mehr persönlich vor dem Projektstart sprechen, da ich in Hamburg an einem Workshop teilnehme. Mittlerweile stehen die Kollegen, die an der Frühjahrskampagne mitwirken werden, fest. Peter Schmitz (Kollege aus dem Produktmanagement), Maximilian Kowalski und Sonja Herzog werden Sie tatkräftig unterstützen und sind Ihnen somit unterstellt. Die Herren Schmitz und Kowalski haben im letzten Jahr schon einmal erfolgreich unter meiner Leitung mitgearbeitet. Bitte wenden Sie sich an Frau Schlütter aus der Personalabteilung. Frau Schlütter wird Ihnen die Personalakten ihrer drei Teammitglieder zur Verfügung stellen, damit Sie sich vorab ein Bild über die fachlichen Kompetenzen machen können. Ich habe Sie bereits angekündigt.

Ich wünsche Ihnen einen guten Start am Montag. Ich werde Donnerstag nächster Woche wieder in Köln sein und freue mich auf eine persönliche Rückmeldung.

Mit freundlichen Grüßen
Gerd Hoffmann

Mit dem Ausdruck der Mail macht sich Susanne auf den Weg in die Personalabteilung. Sie kennt die Kollegen zwar flüchtig und ist auch per „Du“ mit ihnen, wie mit allen anderen aus dem näheren Umfeld auch. Aber so richtig einschätzen kann sie diese noch nicht. Deshalb ist es eine gute Idee, findet sie, sich erst einmal mit den Personalakten vertraut zu machen. Sie vertraut auf Herrn Hoffmanns Händchen für die Teamzusammenstellung. Frau Schlütter, eine freundliche Dame Mitte fünfzig, die mit ihrem Hang zu knallbunter Kleidung in gewisser Weise ein modisches Markenzeichen in der Personalabteilung setzt, hat die notwendigen Informationen bereits zusammengestellt. „Vielen Dank für Ihre Bemühungen, Frau Schlütter.“ Bewaffnet mit Papier, Bleistift und einer Tasse Tee macht sich Susanne in alphabetischer Reihenfolge an die Auswertung der Unterlagen.

Sonja Herzog ist angehende Industriekauffrau im dritten Lehrjahr. Sie hat ausgezeichnete Noten, und das Feedback der bisher durchlaufenen Abteilungen ist durchweg positiv. „Frau Herzog zeigt ein gutes Verständnis für kaufmännische Abläufe. Des Weiteren arbeitet sie eigenständig und zeigt eine hohe Lernbereitschaft. Bei Teamarbeiten setzt sie sich gut ein. Woran Frau Herzog noch arbeiten sollte, ist ihre Nervosität bei Präsentationen. Des Weiteren wurde als Ziel für das letzte Ausbildungsjahr die aktive Beteiligung in Arbeitsgruppen festgelegt“, schreibt Herr Zarelli, der Ausbilder der zuletzt durchlaufenen Abteilung. Mit anderen Worten, Frau Herzog kann sich gegen andere Kollegen nicht gut durchsetzen. Susanne ist sich dennoch sicher, dass die 21-Jährige das Team gut administrativ unterstützen kann.

Als Nächstes nimmt sie sich die Unterlagen von Maximilian Kowalski vor. Kowalski macht auf Susanne einen ehrgeizigen Eindruck. „Nebenberuflich ein Studium an der Fernuni Hagen, nicht schlecht“, geht ihr durch den Kopf. „Wenn der 31-jährige Marketingspezialist sich auch ebenso ehrgeizig bei der Entwicklung der Frühjahrskampagne engagiert, wird er sich gut einbringen können.“ Fachlich gut aufgestellt, zeigen sich bei den sozialen Kompetenzen einige Defizite. Sie liest abschließend die letzte Beurteilung des derzeitigen Vorgesetzten, schlägt die Personalakte zu und notiert sich als erste Einschätzung: *„Max Kowalski fühlt sich vielen seiner Kollegen fachlich überlegen, weiß alles besser, aber Verantwortung übernehmen ist nicht sein Ding.“*

Als Letztes nimmt sie sich die Akte von Herrn Peter Schmitz vor. Der mit 38 Jahren Älteste in der Projektgruppe besitzt gute Branchenkenntnisse, da er nicht nur eine Ausbildung in dem Bereich absolviert hat, sondern auch seit vielen Jahren im Produktmanagement tätig ist. Aus der Dokumentation des vergangenen Mitarbeiterfördergesprächs geht hervor, dass er selbst eine Teamleitung anstrebt. „Hoffentlich geht das gut, wenn ich nun das Sagen habe“, denkt Susanne. Dabei reflektiert sie auch, dass jemand aus einer anderen Abteilung im Projektteam möglicherweise schwieriger zu führen ist als diejenigen, die aus dem „eigenen Stall“ kommen und disziplinarisch auch Herrn Hoffmann unterstellt sind.

Trotz der latenten Bedenken, die Susanne bezüglich Peter und Max hegt, freut sie sich auf den baldigen Start des Projektes. Aufgrund der hohen Bedeutung der Kampagne für das Unternehmen ist sie von allen anderen operativen Aufgaben entbunden. Ob es von ihrem Vorgesetzten so klug war, ihre alltäglichen Aufgaben vor allem auf Kowalski zu übertragen, ist sich Susanne Lorenz nicht sicher. Voller Tatendrang hat sie für Montagfrüh das erste Projektmeeting anberaumt und die Projektmitglieder dazu persönlich eingeladen. Sie macht sich zudem Gedanken über den richtigen Führungsstil im Projektteam: autoritär oder kooperativ? So lautete die Frage bereits in den Vorlesungen an der Hochschule. Zudem lässt sie die Personalentscheidung ihres Vorgesetzten nicht mehr los: Ihr Bauchgefühl sagt ihr, dass es Probleme mit den Kollegen Schmitz und Kowalski geben könnte. „Solche Vorahnungen sind ja meist nicht grundlos“, denkt sie sich.

Susanne sieht grundsätzlich zwei Alternativen:

Alternative 1: Sie muss sich unbedingt von Anfang an Respekt als Projektleiterin verschaffen, weil sie sonst nicht akzeptiert wird. Deshalb ist eher eine **autoritäre** Führung notwendig.

Alternative 2: Sie möchte die Kollegen von Anfang an für sich gewinnen und ihnen Mitwirkungsmöglichkeiten in der Projektplanung und Durchführung einräumen. Deshalb ist eher ein **kooperativer** Führungsstil der richtige Weg.

WIE WÜRDEN SIE ENTSCHEIDEN?

⊙ *Wenn Sie der Meinung sind, Susanne Lorenz sollte die Teammitglieder eher **autoritär** führen, **lesen Sie bitte weiter bei B1 (Seite 25)**.*

⊙ *Wenn Sie der Meinung sind, Susanne Lorenz sollte die Teammitglieder eher **kooperativ** führen, **lesen Sie bitte weiter bei B2 (Seite 31)**.*

Übrigens: Im Anhang können Sie unter „Who is who“ jederzeit Konkretes über die verschiedenen Charaktere dieser Story nachlesen und sich orientieren.

B1 Die autoritäre Lösung

„Guten Morgen zusammen! Ist Herr Kowalski, ähm, ich meine Max, noch nicht da?“ Überpünktlich wie immer betritt Susanne Lorenz den Besprechungsraum um fünf Minuten vor zehn. „Der kommt bestimmt gleich. Gerade eben hat er noch an seinem Platz telefoniert, hat wohl vom Wochenende noch einiges zu erzählen“, gibt Sonja Herzog, wie immer freundlich lächelnd, bereitwillig Auskunft. Dafür erntet sie dann aber auch prompt einen etwas verächtlichen Blick des Kollegen Schmitz, mit dem sie zusammen auf Susanne gewartet hat. „Hab ich's mir doch gleich gedacht, dass der mir hier unbedingt Schwierigkeiten machen will“, schießt es Susanne durch den Kopf, „aber nicht mit mir, der wird sich noch wundern.“

Während es in Susanne so langsam zu brodeln beginnt, betritt Max Kowalski eine viertel Stunde später mit einer fröhlichen Melodie auf den Lippen, genüsslich in einer Tasse Kaffee rührend, den Besprechungsraum. „Das ist doch hier jetzt wohl nicht dein Ernst, Max, oder?!“, faucht Susanne den Neuankömmling unvermittelt an. „Was ist denn? Hab ich was falsch gemacht?“, mimt Kowalski den ahnungslosen Unschuldsengel. Die Antwort darauf lässt nicht lange auf sich warten: „Das ist eine bodenlose Frechheit, Max, dass du hier schon beim ersten Teammeeting meinst, dass für dich irgendwelche Sonderregeln gelten. Ich gehe mal ganz stark davon aus, dass das in dieser Form das letzte Mal war und dementsprechend nicht mehr vorkommt!“ „Huiuiui, was ist denn hier los?“, dreht sich Kowalski flüsternd zu Schmitz um und zu Susanne gewandt: „Das kann doch jedem mal passieren, ich hatte noch ein wirklich wichtiges Telefonat zu führen.“

Nach diesem kleinen Zwischenfall nimmt Susanne die Zügel noch fester in die Hand und verteilt, nach einer prägnanten Vorstellung der Zielsetzung des Projektes, an jeden der Anwesenden Arbeitspakete, die sie bereits übersichtlich zusammengestellt hat. Nachdem die drei ihre Aufgaben für die nächsten Monate überflogen haben, stellt sich insbesondere bei den Herren ziemlich schnell ein deutliches Stirnrunzeln ein. „Ja, aber Sus...“, „Ich denke, ihr solltet euch das dann mal in Ruhe anschauen“, wird Peter Schmitz von Susanne barsch unterbrochen.

„Ich möchte jetzt hier nicht mit euch diskutieren. Ihr habt eure Aufgaben und alles Weitere besprechen wir beim nächsten Meeting." Susanne Lorenz verlässt daraufhin mit ihren Sachen unter dem Arm und einem nach innen gekehrten, selbstzufriedenen Lächeln den Besprechungsraum. „Na, denen hab ich doch jetzt mal gezeigt, wo der Hammer hängt. Die wissen jetzt Bescheid, schließlich hab ich hier das Sagen", denkt sie sich, als sie über die Flure zu ihrem Schreibtisch zurückkehrt und drei etwas ratlose Gesichter zurücklässt.

„Ich verstehe nicht, was das soll", platzt es aus Kowalski heraus: „Warum soll ich denn jetzt die PR-Außentermine machen und du kümmerst dich um den Medienauftritt, wo wir das schon beim letzten Mal andersrum gemacht haben?" „Tja, so sehe ich das allerdings auch, aber die wird schon noch sehen, wo das hinführt", meldet Schmitz bei seinem Kollegen Bedenken über Susannes Teamleiterkompetenzen an, als sie gemeinsam den Raum verlassen. Sonja Herzog schleicht, immer noch in ihr Aufgabenpapier vertieft, hinterher.

Die dicke Luft des ersten Teammeetings ist im Alltagstrott etwas verraucht, die Atmosphäre im Team bleibt aber von Beginn an frostig. Nach einigen Wochen der Arbeit stellt Susanne Lorenz fest, dass das Arbeitstempo der Auszubildenden Sonja Herzog deutlich zu wünschen übrig lässt. Zum wiederholten Male schafft sie es nicht, die aktualisierte Projektcheckliste pünktlich bei Susanne abzuliefern. Als Sonja Herzog am nächsten Morgen an ihrem Arbeitsplatz erscheint, wird sie bereits von Susanne erwartet. „Also Sonja, das geht so nicht weiter. Du kannst nicht jedes Mal deine Arbeiten ein, zwei Tage verspätet abliefern. So kommen wir alle in Verzug. Wenn du das nicht bald auf die Reihe bringst, dann muss ich wohl mal mit deinem Ausbilder sprechen. Du wirst hier doch wohl wirklich nicht überfordert."

„Das sind nicht gerade die Worte, mit denen man morgens an seinem Schreibtisch begrüßt werden möchte", denkt die Auszubildende und schmollt vor sich hin. Nach nur wenigen Sekunden bricht es plötzlich aus ihr heraus: „Es tut mir leid, Susanne, aber ich schaffe das einfach nicht", schluchzt sie und es kullert sogar eine Krokodilsträne über ihre Wange. „Wenn ich immer nur deine Aufträge erledigen müsste, dann wäre das ja gar kein Problem, aber jeden Morgen kommt der Peter und gibt mir neue Aufgaben, die ich für ihn erledigen soll: „Such mir mal bitte das raus, mach mal bitte dieses, erledige jenes für mich und am besten bis gestern. Dazu auch noch meine eigentliche Arbeit, das schaffe ich einfach nicht."

Aufgabenbox

Was halten Sie eigentlich davon, als Führungskraft eine Auszubildende zu duzen und sich duzen zu lassen? Bilden Sie sich eine Meinung.

Ich finde das gut, weil ______________________________

Ich finde das nicht gut, weil ______________________________

Dieses Geständnis lässt Susanne schlucken. „Peter lässt dich seine Aufgaben erledigen? Aber warum bist du denn nicht gleich damit zu mir gekommen? Damit ist ab sofort Schluss. Du brauchst natürlich nur deine Aufgaben zu erledigen. Jetzt mal Kopf hoch, weiter geht's, und das mit Peter, das kläre ich." Sonja schluchzt noch einmal in ihr Taschentuch und macht sich erleichtert wieder an ihre Arbeit.

Susanne hingegen ist innerlich aufgewühlt. Kurzerhand hinterlässt sie auf Schmitz' Schreibtisch eine mit dickem Filzstift gekritzelte Nachricht: „Bitte sofort bei mir melden!" Als Peter Schmitz an diesem Tag zur Arbeit erscheint und den beschriebenen Zettel findet, verdreht er nur kurz die Augen und macht sich dann auf den Weg zu Susanne. Die erwartet ihn bereits und macht ihm unter vier Augen ziemlich schnell deutlich, was sie von seinem eigenmächtigen Handeln hält: „Ich weiß nicht, Peter, ob wir uns beim ersten Meeting nicht richtig verstanden haben, aber ich habe doch ziemlich eindeutig gesagt, wer welche Aufgaben zu erledigen hat, oder?! In Zukunft wirst also auch du deine Arbeit wieder selbst erledigen und nicht an Sonja oder sonst wen delegieren, haben wir uns da jetzt verstanden?" Susanne hat sich darauf konzentriert, ihre Botschaft mit einem unmissverständlichen Duktus zu platzieren. Über Peters Reaktion ist Susanne dann doch etwas überrascht. „Du hast mir doch hier überhaupt nichts zu sagen", muss sie sich dann anhören, „Der Einzige, von dem ich hier irgendwelche Aufträge empfange, ist mein Chef, der Leiter des Produktmanagements, und ansonsten niemand, also bleib mal schön auf dem Teppich."

In den nächsten Tagen wird das Verhältnis innerhalb des Projektteams nicht besser, nein, im Gegenteil. Susanne hat den Eindruck, dass Schmitz und Kowalski nur noch das Allernötigste tun, und wenn Sonja Herzog sich einmal engagiert und motiviert zeigt, wird sie von ihren Kollegen schnell wieder in die Schranken gewiesen und blockiert. Die ersten Deadlines hingegen rücken immer näher und Susanne Lorenz wird langsam, aber sicher etwas nervös. Einen Monat vor dem Starttermin der Kampagne meldet sich Peter Schmitz dann mit einer Erkältung für zehn Tage krank. Darüber ist Susanne erbost, denn sie kann sich kaum vorstellen, dass der Kollege wirklich so krank ist. Mit dem näherrückenden Start der Kampagne im Hinterkopf, beauftragt sie die anderen zwei Teammitglieder via E-Mail mit den von Schmitz zurückgelassenen Arbeiten.

Drei Tage später, bei der täglich von Susanne Lorenz verlangten Berichterstattung über die am Tag erledigten Aufgaben, tritt Sonja Herzog dieses Mal besonders angespannt und mit zögerlichen Schritten an den Schreibtisch der Projektleiterin: „Vielleicht ist sie heute wenigstens mal zufrieden, ein Lob erwarte ich ja schon gar nicht", denkt sich Sonja, die sich heute ganz besonders viel Mühe mit der Zusammenstellung der Preislisten aller örtlich ansässigen Druckereien gemacht hat. Darüber hinaus hat sie sich selbstständig eigene Ideen für die Gestaltung der noch zu entwerfenden Plakate gemacht. Als sie ihre Ergebnisse kurz vor 19 Uhr abliefert, erntet sie nur ein kurzes: „Ich schau mir das alles nachher an. Du kannst dann jetzt Feierabend machen, wenn du sonst alles erledigt hast."

Als Susanne sich dann kurz darauf die Ergebnisse ansieht, ist sie schwer beeindruckt. Die Preislisten sind weit umfangreicher als erwartet und die Gestaltungsideen gefallen ihr wirklich gut. Doch schnell zügelt sie sich wieder: „Ich denke, ich sollte Sonja nicht zu sehr loben und ihr sagen, wie gut ihre Vorschläge sind, damit würde ich mich nur unnötig vor ihr schwächen." Am nächsten Tag erhält Sonja Herzog die Unterlage mit den knappen Worten zurück: „Danke für die Preislisten und die Plakatvorschläge; die waren soweit okay." Selbstzufrieden denkt Susanne, dass dies die richtige Dosierung an Anerkennung war. Sonja hingegen widmet sich daraufhin wieder enttäuscht ihrer Arbeit. In der Mittagspause erzählt sie dann niedergeschlagen ihrer Auszubildendenkollegin Gülcan von den Ereignissen und endet schließlich mit den Worten: „Hoffentlich sind die drei Monate hier bald vorbei!"

Als Schmitz nach überstandener Krankheit wieder bei der Arbeit erscheint, nutzt Max Kowalski die Gelegenheit, sich mit seinem langjährigen Kollegen über die ständigen Kontrollen von Susanne Lorenz auszutauschen. „Dass die nicht noch aufschreibt, wann ich meine Raucherpausen mache...", ist noch das Harmloseste, was er Schmitz zu erzählen hat. „Arbeitet die eigentlich selber noch oder kontrolliert die nur noch?", entgegnet der darauf. Und tatsächlich hat er damit gar nicht so unrecht, denn auch Susanne merkt, dass sie mit ihren eigenen operativen Aufgaben hinter dem Zeitplan liegt, da sie sich zu sehr auf die Kontrollfunktion konzentriert hat.

Die Irritationen mit den Projektmitarbeitern erreichen einen Höhepunkt, als Susanne Lorenz von der Teamassistentin der Marketingabteilung, mit der sie sich schon seit ihrem Arbeitsbeginn bei der KESS BauMa GmbH in der Kantine zum Mittagessen trifft, erfährt, dass sich Peter Schmitz bei Gerd Hoffmann über ihre „inkompetente Teamleitung" beschwert hat. Als Susanne Lorenz daraufhin

Schmitz mit ihrem Wissen über seine Intrige konfrontiert und ihm damit droht, sich bei dessen Vorgesetzten für eine Abmahnung einzusetzen, reagiert dieser überraschend gelassen: „Tu, was du nicht lassen kannst", entgegnet er ihr lapidar.

Susanne kocht vor Wut und sucht gleich am nächsten Morgen das Gespräch mit Gerd Hoffmann. Dieser erwartet sie eigentlich schon, da er seit dem Beginn des Projektes ein wenig beobachtet hat, wie das Team arbeitet. Als Susanne Lorenz, immer noch vom Verhalten des Kollegen erzürnt, ihre Bitte, sich beim Leiter des Produktmanagements für eine Abmahnung einzusetzen, vorträgt, nimmt Gerd Hoffmann sie väterlich beiseite: „Frau Lorenz, jetzt beruhigen Sie sich erst einmal. Ich habe von Beginn an beobachtet, wie Sie das Projekt aufgezogen haben. Meinen Sie nicht, Sie hätten das Ganze vielleicht etwas kollegialer und teamorientierter anpacken sollen? Meinen Sie nicht, es wäre leichter gewesen, mithilfe Ihres Charmes und Ihrer Kompetenz die Akzeptanz der anderen zu gewinnen und dann mit vereinten Kräften die Arbeit gemeinsam zu stemmen? Sie haben es doch gar nicht nötig, immer mit der Brechstange den ‚Big Boss' raushängen zu lassen." Susanne ist verwirrt. Hat sie vielleicht wirklich etwas über das Ziel hinausgeschossen? Mit den Worten „Jetzt bringen Sie die Frühjahrskampagne erst einmal ordentlich an den Start und dann sehen wir weiter", entlässt Gerd Hoffmann seine etwas niedergeschlagene Projektleiterin in ihren Arbeitsalltag.

Susanne Lorenz nimmt sich die Tipps ihres Chefs immer sehr zu Herzen, ist aber zugleich peinlich berührt und verärgert: „Wenn ich ihm das nicht gut genug mache, dann soll der das doch selber machen, wenn der alles besser weiß!", denkt sie sich zunächst und widmet sich ein wenig beleidigt wieder ihrer Arbeit. In den folgenden Tagen gibt sie dem Konzept für „Flower Power" den letzten Feinschliff. Das Projekt liegt jetzt wieder einigermaßen im Zeitlimit, weil sie durch ihren vom Ehrgeiz geprägten, unermüdlichen Einsatz vieles erledigt, was die anderen Teammitglieder nicht leisten.

Als sie dann einige Tage später eine vorläufige Präsentation der Kampagne vor ihrem Chef hinter sich gebracht hat, ist sie sichtlich erleichtert. Die Tatsache, dass Hoffmann die Qualität ihrer Arbeit mit den Worten „... das ist schon ganz ordentlich ..." kommentiert, lässt sie nicht gerade in Freude ausbrechen, doch was er ihr dann noch mit auf den Weg gibt, regt sie zum Nachdenken an und macht ihr Mut. „Mir war schon klar, dass Ihnen Fehler unterlaufen würden, schließlich sind wir alle nicht perfekt. Aber wichtig ist jetzt, dass Sie aus diesen Fehlern lernen und in Zukunft die Dinge vielleicht etwas gelassener angehen."

Hoffmann schlüpft in die Coaching-Rolle und vermittelt eine zentrale Erkenntnis, die er selbst in vielen Jahren seiner Managementtätigkeit gewonnen hat, nämlich dass eine gute Führung sich nicht in den Extremen von entweder kooperativ oder autoritär bewegt, sondern dass eine gute Mischung beider Führungsstile – je nach Person und Situation – ein wichtiges Merkmal erfolgreichen Führungshandelns ist.

⊙ *Wenn Sie wissen wollen, was passiert wäre, wenn Susanne die Projektaufgabe kooperativ angepackt hätte: weiter mit B2 (Seite 31).*

⊙ *Oder wollen Sie mehr über verschiedene Führungsstile erfahren? Dann lesen Sie bitte die Lernbox „Autoritär oder kooperativ?" auf Seite 35.*

B2 Die kooperative Lösung

„Guten Morgen zusammen! Ist Herr Kowalski, ähm, ich meine Max, noch nicht da?“ Überpünktlich wie immer betritt Susanne Lorenz den Besprechungsraum um fünf Minuten vor zehn. „Der kommt bestimmt gleich. Gerade eben hat er noch an seinem Platz telefoniert, hat wohl vom Wochenende noch einiges zu erzählen“, gibt Sonja Herzog, wie immer freundlich lächelnd, bereitwillig Auskunft. Dafür erntet sie dann aber auch prompt einen etwas verächtlichen Blick des Kollegen Schmitz, mit dem sie zusammen auf Susanne gewartet hat.

Susanne ist darüber verärgert, dass Max Kowalski offensichtlich zu spät kommt, lässt sich dies aber nach außen hin nicht anmerken. Ganz im Gegenteil: Sie setzt ihr strahlendes Lächeln auf und begrüßt den anwesenden Teil ihres Teams mit den Worten: „Ich freue mich, mit euch dieses Projekt bearbeiten zu dürfen. Um eine erfolgreiche Arbeit garantieren zu können, würde ich es begrüßen, wenn wir zu Beginn unseres Projektes gemeinsam Spielregeln für die Arbeit in unserem Team entwickeln würden. Was haltet ihr von der Idee?“

Sonja Herzog ist begeistert. Für sie ist es die erste größere Projektarbeit. Die Teamarbeiten, die sie bis jetzt kennengelernt hat, sind alle völlig unorganisiert gewesen und sie war immer nur die „Kaffeekocherin“. Jetzt will sie mithilfe der Spielregeln ihren Status im Team aufwerten. Peter Schmitz hingegen steht der Sache schon eher kritisch gegenüber. „Wie oft habe ich dieses Spielchen mit Spielregeln schon mitgemacht? Für mich ist teamorientiertes Arbeiten doch selbstverständlich. Ist doch nicht meine erste Projektarbeit“, denkt er sich, sagt aber nichts. „Es ist ja das erste Projekt von Susanne Lorenz, einfach mal abwarten, wie sie es anpackt.“ Als 15 Minuten später Max Kowalski gelangweilt mit einer Tasse Kaffee in der Hand den Raum betritt und sich ohne Worte der Entschuldigung dazusetzt, ist die Gruppe gerade mitten in der Entwicklung ihrer „Spielregeln“.

Susanne begrüßt auch ihn mit einem freundlichen Lächeln, obwohl sie mit seinem Verhalten ganz und gar nicht einverstanden ist, und erläutert ihm die Idee mit den von der Gruppe erstellten Regeln: „Wir haben schon einige Regeln gemeinsam erarbeitet. Einen der wichtigsten Punkte sahen wir im Respekt gegenüber den anderen Mitgliedern im Team. Dies spiegelt sich unter anderem darin wider, dass wir alle pünktlich zu unseren Meetings erscheinen", sagt sie und lächelt ihn dabei an, in der Hoffnung, er habe den Wink verstanden.

Die weiteren Spielregeln sind: „Den Anderen ausreden lassen", „Freie Äußerung von Ideen", „Azubis sind gleichberechtigte Teammitglieder", „Kritik niemals persönlich nehmen" und „Wir sind ein Team!". Alle Regeln wurden schön sauber auf dem Flipchart notiert und im Anschluss für alle Teammitglieder sichtbar aufgehängt. Während Susanne Lorenz ihm diese Regeln vorliest, verdreht Max Kowalski etwas genervt die Augen, was Susanne aber nicht bemerkt. Auf die Frage, ob er mit den vorhandenen Regeln einverstanden ist, nickt er mit betonter Gelassenheit nur.

Die gesamte erste Sitzung wird dafür benötigt, die Spielregeln aufzustellen. Susanne Lorenz möchte von Anfang an die Kooperation und Mitwirkung im Team sicherstellen. Sie ist mit dem Ergebnis der ersten Sitzung voll zufrieden. Peter Schmitz hingegen hält das erste Meeting für verlorene Zeit, weil er der Meinung ist, dass nichts Relevantes für die Arbeit am Projekt beschlossen worden ist. Dies kritisiert er auch am Ende des Meetings, als Susanne ein Feedback einfordert. Vordergründig bemängelt dieser die fehlende Prägnanz des Vorgehens.

Nach mehreren Sitzungen hat sich das Team verzettelt. Die Festlegung von Zielsetzung, Vorgehensweise, Zeitplanung etc. benötigt sehr viel Zeit. Die Teamaufgaben werden zwar aufgezählt und von Susanne Lorenz mit den Worten „Das müssen wir als Nächstes erledigen" in den Meetings erwähnt, aber es werden keine konkreten Verantwortlichen bestimmt. Susanne möchte ihrem Team Freiheiten lassen, damit sich keiner überrumpelt fühlt. Sie ist sich auch der Problematik, dass Peter Schmitz selbst gerne die Projektleitung übernommen hätte, durchaus bewusst. Sie hofft, ihm durch ihren kooperativen Führungsstil ausreichend Wertschätzung entgegenzubringen, sodass er motiviert sein Können für das Projekt einbringen wird.

Bei den folgenden Meetings kristallisiert sich aber immer mehr heraus, dass sich niemand für die einzelnen Aufgaben verantwortlich gefühlt hat und diese somit nicht oder nur halbherzig erledigt worden sind. Im Endeffekt macht Susanne Lorenz die meiste Arbeit selbst, um den Projekterfolg voranzutreiben. Meist bleibt sie bis spät in den Abend im Büro, um liegengebliebene Aufgaben zu erledigen. Und dabei macht sich bei ihr meist ein mulmiges Gefühl breit, dass hier etwas nicht stimmt. Zudem stellt Max Kowalski vieles infrage, bereitet sich aber nicht auf die Teammeetings vor und vernachlässigt seine Aufgaben.

Auch Peter Schmitz scheint immer gelangweilter in den Meetings zu sein. Zum fünften Meeting bringt er ungebeten ein Handbuch „Projektmanagement für Anfänger“ mit und stellt es Susanne Lorenz kommentarlos vor die Nase. Nicht zuletzt durch diese Anspielung kommen in Susanne Lorenz erhebliche Zweifel an ihrem Stil der Projektleitung auf: „Mache ich wirklich alles richtig? Der Schmitz wird mir das Buch ja nicht ohne Grund auf den Tisch gestellt haben. Oder will er mich nur mobben, weil er die Projektleitung nicht bekommen hat? War es richtig, die Projektleitung anzunehmen?“ Die Einzige, die noch begeistert bei der Sache ist, ist die Auszubildende Sonja Herzog. Leider ist sie aber mit der sehr hohen Selbstständigkeit, die von ihr als gleichberechtigtes Teammitglied erwartet wird, spürbar überfordert.

Susanne Lorenz analysiert die Situation und sucht das Gespräch mit dem einzelnen Kollegen. Freundlich bittet sie Max Kowalski, sich mehr einzubringen. „Ich weiß gar nicht, was du willst“, entgegnet der und knabbert gelangweilt an einem Schokoriegel. „Ich mache hier nur meinen Job. Und außerdem habe ich ja auch noch andere Dinge zu tun, teilweise sogar deine Aufgaben, die mir Hoffmann aufs Auge gedrückt hat, weil du Projektleiterin geworden bist.“ Susanne bemüht sich, etwas zu entgegnen. Nach einem zehnminütigen, kontroversen Gespräch schließt Kowalski mit den Worten: „Jetzt nimm das Projekt mal nicht so wichtig. Für mich ist alles im grünen Bereich.“ Susanne beschleicht das Gefühl, dass das keinesfalls so ist und dass der Kollege ebenfalls unzufrieden ist.

Langsam mischt sich ein Hauch von Hilflosigkeit ihrem Selbstzweifel bei. Im Gespräch mit ihrem Vorgesetzten Hoffmann zwei Wochen später begründet sie den schleppenden Projektbeginn damit, dass die Gruppe sich erst finden muss. Sie redet den Projektfortschritt schön, aber eigentlich mehr, um sich selber zu beruhigen. Hoffmann, der aus persönlichen Gründen an diesem Tag nicht ganz bei der Sache ist, bemerkt dies nicht. So ändert Susanne Lorenz nichts an ihrer Art der Projektleitung, beauftragt und delegiert weiterhin zu wenig und versucht, die Schwerfälligkeit des Projektfortschritts durch persönliches Engagement zu kompensieren. Nach zwölf Stunden im Büro fällt Susanne zu Hause todmüde ins Bett. Der Projektverlauf bleibt trotzdem mehr als schleppend und die termingerechte Fertigstellung des Konzeptes gerät in Gefahr.

Nach weiteren vier Wochen wird es Peter Schmitz zu viel. Er sucht das Gespräch mit dem Marketingleiter Hoffmann und deutet an, dass der Projekterfolg zweifelhaft ist. „Irgendwie ist das alles zu schwammig“, berichtet er. „Frau Lorenz will alles Mögliche ausdiskutieren, entscheidet nicht, sagt nicht klipp und klar, was sie will und was sie nicht will. So kann man ein Projekt doch nicht anpacken.“ Es scheint fast so, als hätte er das Wort „man“ dabei extra so betont, um auszudrücken, dass eine solche Projektleitung doch ohnehin in die Hände eines Mannes gehört. Natürlich ist der agile Produktmanager nicht nur um den Erfolg des Teams besorgt, sondern will sich mit seiner Kritik auch in bestimmtem Maße bei Hoffmann und seinem Vorgesetzten profilieren, um selbst die nächste Projektleitung übertragen zu bekommen.

Hoffmann kommentiert, als erfahrene Führungskraft, die Meinungsäußerungen des Projektmitglieds nicht, sondern spricht Susanne ein paar Tage später darauf an. Ihm ist klar, beim ersten Gespräch Hinweise auf Probleme in der Projektleitung übersehen zu haben. Er hat jedoch Verständnis für Anlaufprobleme und ist besorgt über die leisen Selbstzweifel von Susanne Lorenz, die er in den letzten Tagen beobachtet hat. Er hält Susanne Lorenz weiterhin für eine gute Nachwuchsführungskraft und so beginnt er sein Gespräch sehr ruhig und gelassen: „Guten Tag, Frau Lorenz, wie kommen Sie mit Ihrem Projekt voran? Kommen Sie mit dem Zeitdruck zurecht?“ Susanne ist erleichtert, dass Hoffmann nachfragt, und räumt ein, leicht im Verzug zu sein. Sie berichtet Hoffmann offen und ehrlich von den Ereignissen, die vorgefallen sind. Sie hat selber bemerkt, dass ihre Selbstzweifel immer stärker werden, und ist froh über den Strohhalm, den Hoffmann ihr reicht.

„Aller Anfang ist schwer, Frau Lorenz. Sie müssen als Projektleiterin überzeugen. Basis für den Erfolg Ihres Projektes ist die Akzeptanz Ihrer Gruppe Ihnen als Projektleiterin gegenüber. Anhand der Vorfälle, die Sie mir geschildert haben, bekomme ich jedoch den Eindruck, dass Sie die Projektleitung zu kooperativ angepackt haben. Sie müssen mehr Aufgaben delegieren anstatt zu viel zu diskutieren und alle Aufgaben selber zu erledigen. Auch Sie als sehr gute Mitarbeiterin können das nicht schaffen. Deswegen haben Sie ein dreiköpfiges Team für dieses Projekt zur Seite gestellt bekommen. Eine entscheidende Aufgabe ist die Führung dieses Teams. Anfangsfehler in der Bewältigung einer solchen Führungsaufgabe lassen sich leider nie vermeiden. Sehen Sie diese Projektarbeit als wertvolle Erfahrung, die Sie gemacht haben, und lernen Sie aus Ihren Fehlern.“

Susanne Lorenz geht erleichtert aus diesem Gespräch heraus, nimmt die Kritik ernst und versucht, die Anregungen Hoffmanns in den letzten Wochen ihrer Projektleitung erfolgreich umzusetzen. Sie hat gelernt, dass eine gute Führung sich nicht in den Extremen von kooperativ und autoritär bewegt, sondern dass eine gute Mischung beider Führungsstile – je nach Person und Situation – ein wichtiges Merkmal erfolgreichen Führungshandelns ist.

⊙ *Wollen Sie wissen, was passiert wäre, wenn Susanne Lorenz das Projekt autoritär angepackt hätte? Lesen Sie bitte bei B1 weiter (ab Seite 25).*

⊙ *Wollen Sie mehr über verschiedene Führungsstile erfahren? Dann lesen Sie bitte die* **Lernbox „Autoritär oder kooperativ?“** *auf* **Seite 35**.

Lernbox

Autoritär oder kooperativ?

Quelle:
Kurt Lewin
Research Center at
Utrecht University.

„Die Frage, ob der autoritäre oder der kooperative Führungsstil der erfolgreichere ist, habe ich, **Kurt Lewin**, mir schon vor vielen Jahren gestellt. Ich habe mich damals mit dem Zusammenhang von Führungsstilen und Produktivität, Zufriedenheit, Gruppenzusammenhalt und Effizienz beschäftigt.

Es war in den Jahren 1937 bis 1940, als ich mit meinen Mitarbeitern, in den später als ‚Iowa-Studien' bezeichneten Untersuchungen, Auswirkungen der unterschiedlichen Führungsstile auf das Verhalten von Individuen und der gesamten Gruppe analysiert habe. Dazu führten wir eine Reihe von Experimenten durch. Unser Ziel war es, wesentliche und messbare Verhaltenskategorien zu finden, die

1. zur Beschreibung und Differenzierung von erfolgreichem und nicht erfolgreichem Führungsverhalten geeignet sind und
2. allgemein genug gefasst sind, um über verschiedene Personen hinweg allgemeine Verhaltensmuster bzw. ‚Führungsstile' zu identifizieren.

Die Reaktion der Geführten auf die unterschiedlichen Varianten der Mitarbeiterführung war für uns also von größter Bedeutung. Dazu teilten wir verschiedene Schülergruppen ein. Eine Gruppe wurde extrem autoritär geführt. Die Ziele der zu erledigenden Arbeit wurden einzig und allein vom Gruppenleiter vorgegeben. Jeder Arbeitsschritt musste exakt so erledigt werden, wie es der Leiter anwies, und über den nächsten Schritt wurde erst informiert, nachdem der vorherige abgeschlossen war. So lange herrschte Unklarheit. Der Gruppenleiter selber nahm nicht am Arbeitsprozess der Gruppe teil. Er lobte und tadelte einzelne Gruppenmitglieder. Das Lob sollte jedoch eher spärlich bleiben.

In einer anderen Gruppe ging es hingegen anders zu. Hier wurden Ziele als Ergebnis von Gruppenentscheidungen gefasst. Der Leiter unterstützte die Gruppe lediglich in diesem Prozess. Überhaupt sollten hier nahezu alle Entscheidungen in der Gruppe gefällt werden. Der Gruppenleiter fungierte als Ratgeber, der alternative Aktionsschritte vorschlägt und zusätzlich versucht, sich in den Arbeitsprozess mit einzubringen. Der Gruppenleiter wurde zusätzlich angewiesen, die Gruppe mehr in die Eigenkontrolle zu übergeben und sich selbst mit Lob und Tadel eher zurückzuhalten.

Eine dritte Gruppe wurde nahezu komplett sich selbst überlassen. Der Gruppenleiter war hier lediglich noch dafür verantwortlich, Arbeitsmaterial zur Verfügung zu stellen, und konnte auf Wunsch der Gruppe noch einige Informationen liefern. Sonst lag nichts mehr in seiner Hand.

So, Susanne, entstanden auch die drei klassischen Führungsstile, der *autoritäre*, der *kooperative* und der *laissez-faire*. Was glaubst du, was bei diesem Experiment herausgekommen ist? Wie haben die unterschiedlichen Gruppen wohl gearbeitet und welches Resultat konnten sie abliefern?

In der autoritär geführten Gruppe herrschte tendenziell eine hohe Spannung und es entstanden Aggressionen. Die Gruppe war vor allen Dingen dadurch geprägt, dass sie ein unterwürfiges und gehorsames Verhalten gegenüber dem Gruppenleiter zeigte und unzufrieden war. Im Vergleich zu den anderen Gruppen wurde hier jedoch ziemlich viel geschafft. Die Quantität der geleisteten Arbeit war also deutlich höher. Jedoch stellte nahezu jedes Kind die Arbeit ein, sobald der Gruppenleiter den Raum verließ. Es musste also immer alles strikt kontrolliert werden und Zufriedenheit und gute Laune wollten sich unter den Gruppenmitgliedern nicht einstellen. Die Arbeitsqualität war eher mittelmäßig.

Im Gegensatz dazu herrschte in der kooperativ bzw. demokratisch geführten eine freundliche Atmosphäre mit geringem Aggressionspotenzial. Gruppenzusammenhalt (Kohäsion) und Zufriedenheit waren deutlich höher und die Fluktuation hielt sich absolut in Grenzen. Die Kinder in dieser Gruppe hatten ein viel höheres Interesse an den Aufgaben und ihre Leistungen ließen dementsprechend auch dann nicht nach, wenn sie unbeobachtet waren. Die Arbeitsqualität war hoch, die Quantität mittelmäßig.

Die Laissez-faire-Gruppe zeigte in eigentlich allen Bereichen nur durchschnittliche Werte.

Daraus leiteten wir damals ab: ‚Irgendeine Führung ist besser als gar keine Führung.‘ Wir sahen die meisten Vorteile bei der kooperativen Art der Mitarbeiterführung.“ Und selbstkritisch fügt Lewin hinzu: „Allerdings ist bei dieser Interpretation aus heutiger Sicht Vorsicht geboten, denn eine generelle Überlegenheit des demokratischen Führungsstils ist kaum haltbar. Zahlreiche empirische und experimentelle Studien nach uns haben gezeigt, dass es den optimalen Führungsstil nicht gibt. Ob ein Führungsstil erfolgreich ist oder nicht, hängt sehr stark von der jeweiligen Situation und auch von der Bewertung der Erfolgsmerkmale ab."

Aufgabenbox

Vervollständigen Sie in der nachstehenden Tabelle bitte die Lewinschen Ergebnisse anhand der Informationen aus der Lernbox. Kennzeichnen Sie in der Tabelle mit

hoch
mittel
gering

	Autoritär	Kooperativ	Laissez-faire
Arbeitsquantität		**mittel**	
Arbeitsqualität			**mittel**
Zufriedenheit			**mittel**
Spannungen	**hoch**		

Die Lösung finden Sie im Anhang!

In der dreiwöchigen Endphase der Projektleitung muss Susanne Lorenz einsehen, dass Führung kein leichtes Unterfangen ist. Packt man es zu autoritär an, erzeugt man Widerstände, und die Akzeptanz durch das Team leidet. Geht man es dagegen zu kooperativ an, wird vieles zerredet, verliert man Zeit, und die Motivation sowie die Zielorientierung Einzelner können darunter leiden. „Hätte ich das vorher gewusst...", geht es ihr durch den Kopf.

Mit festem Willen, die richtige Mischung aus kooperativem und autoritärem Verhalten zu finden, geht Susanne nun beherzt ans Werk. Und sie merkt, dass es ihr zunehmend gelingt, ihr eigenes Führungsverhalten situationsbedingt flexibler zu gestalten. Mal geht sie auf einzelne Teammitglieder sehr intensiv ein, diskutiert ausgiebig mit der Gruppe und berücksichtigt Vorschläge der anderen, mal bricht sie Diskussionen aber auch ab, lenkt das Gespräch aktiv und stellt das Team auch schon mal vor vollendete Tatsachen – im Idealfall mit einer guten Begründung.

Und tatsächlich, es geht voran. Allmählich wächst ihre Akzeptanz in der Gruppe. Sogar Peter Schmitz hält sich mit kritischen Äußerungen zunehmend bedeckt und bringt sich immer häufiger positiv ins Team ein. Langsam bekommen die Aktionen von Susanne ein Profil und sie fühlt sich auch zunehmend wohler in ihrer neuen Rolle als Projektleiterin.

Die positiven Veränderungen in der Projektleitung wirken sich ebenfalls auf Susannes Freizeit aus. Nach der Arbeit kann sie ihre freie Zeit wesentlich entspannter genießen. Ihre Gedanken drehen sich nun wieder weniger um die Probleme im Büro und ihre Führungsverantwortung. In den vergangenen Telefonaten mit Sven hat sie seit Langem einmal nicht über die Arbeit gesprochen, sondern Zukunftspläne geschmiedet. Erstes Ergebnis: Sven will am kommenden Wochenende seine Freundin seit längerer Zeit mal wieder besuchen kommen. Morgens zusammen aufwachen und im Bett frühstücken, Sightseeing und romantisch essen gehen. „Endlich wieder Zeit für ein gemeinsames Wochenende!", freut sich Susanne.

Auch Hoffmann merkt – trotz der spärlichen Kontakte –, dass Susanne sicherer geworden ist. Dennoch plagt ihn manchmal das schlechte Gewissen, dass er zu wenig Zeit hatte, Susanne enger zu führen und in der neuen Situation zu coachen.

⊙ *Was es heißt, einen Mitarbeiter als Führungskraft zu coachen, erfahren Sie in der nachfolgenden Infobox.*

Infobox

Die Führungskraft als Coach

Der Begriff „Coach" tritt meist in Zusammenhang mit Sport auf und bezeichnet eine individuelle, intensive Betreuung von Sportlern. Im Gegensatz zum körperlichen Training wird beim Coaching als Führungs- oder Beratungstechnik die psychische Komponente der Leistungsfähigkeit berücksichtigt.

Kaum eine andere Methode wird so diffus und vielfältig diskutiert. Eine allgemeingültige Definition fällt dementsprechend schwer. Aber ein Versuch ist es wert: Coaching kann man als Reflexionsprozess von persönlichen berufsbezogenen Problemen und Herausforderungen bezeichnen. Durch Feedback und zielbezogene Unterstützung wird der Coachee (die zu coachende Person) vom Coach begleitet. Das Leistungsvermögen und die Arbeitszufriedenheit sollen dadurch gestärkt werden. Dabei unterscheidet man zwischen internem und externem Coaching.

Das externe Coaching ist ein Beratungsansatz, der überwiegend bei Führungskräften eingesetzt wird. Seit Beginn der 80er-Jahre wird eine Vielzahl von Führungskräften in Deutschland von externen Coaches betreut und in ihrer Führungsrolle gestärkt. Das externe Coaching hat sich mittlerweile als Ergänzung zum Managementtraining – mit vielfältigen Methoden und Erscheinungsformen – etabliert. Dabei befindet sich der Coach in einer reinen Beratungsfunktion, die gegenüber der Funktion eines internen Coaches wesentlich einfacher auszugestalten ist, da kein Über- und Unterstellungsverhältnis besteht.

Die Führungskraft als Coach umfasst im Wesentlichen ein spezifisches Führungsverständnis im Sinne einer entwicklungsorientierten Betreuung. Die Führungskraft versteht sich als „Trainer on the Job", der seinen Mitarbeitern mit gezieltem Feedback, mit konkreten Tipps und arbeitsbezogener Hilfestellung Leistungspotenziale aufzeigt. Eine kontinuierliche Verbesserung der aktuellen Leistung und eine Vorbereitung auf höherwertige (Führungs-) Funktionen stehen im Mittelpunkt der Coachingbeziehung. Dennoch darf man den hierarchischen Bezug der Zusammenarbeit nicht außer Acht lassen, der die Coachingfunktion deutlich erschwert. Das interne Coaching basiert auf Offenheit und Vertrauen zwischen Führungskraft und Mitarbeiter und erfährt an diesen beiden Merkmalen in der Unternehmenspraxis auch oft ihre Grenzen. Führungskräfte sind mit dieser „Beziehungsarbeit" häufig überfordert und beschränken sich – wenn überhaupt Coaching als Führungstechnik eingesetzt wird – auf die Etablierung von Zielvereinbarungen.

Eine andere, jedoch wenig genutzte Möglichkeit des internen Coachings ist das „Mentoring". Dabei wird der „Mentee" von einer erfahrenen und meist deutlich älteren Führungskraft aus anderen Unternehmensbereichen betreut und z. B. bei den ersten Führungsschritten unterstützt.

Hoffmann nimmt sich vor, häufiger kurze Gespräche mit Susanne zu führen, in denen nicht die Sache, also das Projekt, sondern das Führungsverhalten im Vordergrund steht. Er möchte sie als Führungsnachwuchskraft coachen. Mit prägnanten Impulsen möchte er der 28-Jährigen dabei helfen, dass sich ihr Führungsstil in die „richtige" Richtung entwickelt. Gewinnend lächelnd begrüßt der „Coach Hoffmann" Susanne Lorenz bei der nächsten Besprechung. „Und, alles klar bei Ihnen?", Susanne lächelt zurück und genießt den offenen Dialog mit ihrem Chef, weil das ihr zusätzlich Sicherheit gibt.

Hoffmann weiß, dass sein Coaching besonders aus Fragen bestehen muss. „Wie entwickelt sich Ihr Verhältnis zu den anderen Teammitgliedern? Wie gelingt es Ihnen, jedem Einzelnen individuell gerecht zu werden? Was denken Sie, wer sollte über die Sortimentsgestaltung entscheiden?"

An diesem Freitag hat Susanne nur Positives zu berichten. Das dreiköpfige Team und sie haben eine erfolgversprechende Basis gefunden. Auch die letzten nützlichen Hinweise ihres Chefs hat Susanne gut umsetzen können, sodass mittlerweile auch Kowalski und Schmitz nicht mehr permanent und augenscheinlich in eine Abwehrhaltung ihr gegenüber verfallen. Und mit geschickten Fragen hat Hoffmann ihr noch einige wichtige zusätzliche Impulse und Hilfestellungen geben können.

Im Hinausgehen blickt sie noch einmal auf ihren Boss zurück, der ihr nur noch hinterherruft: „Passen Sie auf, dass Sie mehr werden als nur eine ‚Fünf-Fünf-Führungskraft'." „Was heißt das denn nun wieder?", entgegnet Susanne verdutzt. „Dann beschäftigen Sie sich doch mal mit Blake/Mouton, falls Sie das noch nicht in Ihrem Studium getan haben."

Mit diesen Worten beendet Hoffmann das Gespräch mit seinem „Coachee" und widmet sich wieder den Akten auf seinem Schreibtisch. Susanne glaubt ein verschmitztes Lächeln auf den Lippen ihres Vorgesetzten erkannt zu haben und verlässt das Büro etwas verunsichert.

⊙ *Lesen Sie in der nachfolgenden* **Lernbox „Das Verhaltensgitter"** *nach, was der Marketingleiter gemeint hat.*

Lernbox

Das Verhaltensgitter

„Hallo Susanne, lass dir erklären, wie wir, **Robert R. Blake** und **Jane Mouton**, 1960 unser *Managerial Grid* entwickelten. Wir arbeiteten damals an Führungstrainings für den amerikanischen Mineralölkonzern Exxon Mobil und hatten uns zum Ziel gesetzt, Verhalten von Führungskräften in irgendeiner Form abzubilden. Ja, man kann sagen, wir wollten es auf ein Blatt Papier bringen, um so aufzuzeigen, welche Möglichkeiten des Agierens dem Vorgesetzten geboten sind. Die Ohio State University hatte uns zu diesem Zweck Forschungsergebnisse zur Verfügung gestellt, mit deren Hilfe wir Folgendes entwickelten:

Wir wählten eine mathematische Darstellung mit jeweils neun Stufen. Jede Achse steht für einen Schwerpunkt, den die Führungskraft ihrem Verhalten geben kann. Senkrecht wird die Orientierung am Mitarbeiter und waagerecht die Orientierung an der zu lösenden Aufgabe abgetragen. Theoretisch ergeben sich daraus 81 verschiedene Verhaltensmuster, wir haben uns jedoch auf fünf fokussiert und diese dementsprechend näher beleuchtet. Vier sind extreme Ausprägungen, die fünfte stellt ein Mittelmaß dar. So sieht es grafisch aus:

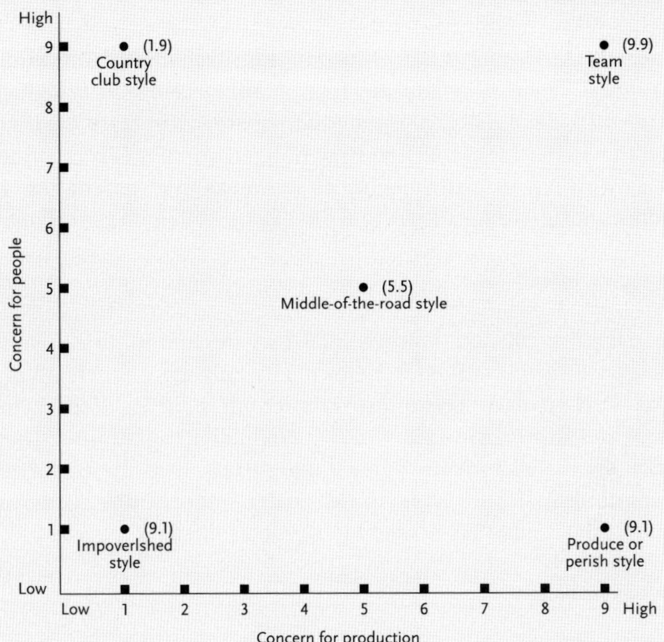

Wir wollen dir diese speziellen fünf Verhaltensmuster aber noch einmal genauer erklären:

1/1–Führungsverhalten

Wird mittlerweile auch gerne als *Überlebensmanagement* bezeichnet. Dies bedeutet, dass wenig oder keine Mühe und Einwirkung auf die Leistungsziele und die Mitarbeiter erfolgt. Das Führungsverhalten ist passiv; es erfolgt weder ein Engagement für die Förderung der Produktivität, noch ist eine Motivation der Mitarbeiter gegeben (bei Lewin: Laissez-faire-Führungsstil).

5/5-Führungsverhalten

Diese Verhaltensweise ist durch eine sehr starke Kompromissbereitschaft sowohl im persönlichen als auch im leistungsorientierten Bereich gekennzeichnet. Dieses Führungsverhalten ist zwar weitgehend von Konflikten befreit, läuft aber Gefahr, in Mittelmäßigkeit zu enden.

1/9-Führungsverhalten

Mitarbeiter so zu führen hat schon etwas von „Klüngelbildung“ und wird deshalb auch manchmal *Vereinsmanagement* genannt. Bei diesem sehr kollegialen Führungsstil werden die Leistungs- und Produktivitätsziele stark vernachlässigt, während die zwischenmenschlichen Beziehungen große Beachtung finden. Auf diese Weise wird ein „sozialhygienisches Betriebsklima" geschaffen, das eine gute Arbeitsatmosphäre garantiert und die Leistungsbereitschaft erhöht.

9/1-Führungsverhalten

Du wirst schnell verstehen, warum man hier auch vom *Befehlsmanagement* spricht. Dieser Führungsstil lässt menschliche Belange weitgehend außer Betracht. Das Streben nach Leistungsmaximierung steht im Vordergrund, ein Höchstmaß an Aufmerksamkeit wird der Produktivität gewidmet. Dieses Verhalten geht auf die allgemeine Vorstellung zurück, dass die Bedürfnisse des Menschen grundsätzlich im Widerspruch zu den Interessen des Unternehmens stehen und deshalb nicht berücksichtigt werden sollten.

9/9-Führungsverhalten

Das in unseren Augen optimale Führungsverhalten nennt sich heute *Teammanagement*. Hier stehen sowohl die persönlichen als auch die unternehmerischen Ziele im Einklang, deshalb wird dieses Führungsverhalten als erstrebenswert angesehen. Hier wird ein Höchstmaß an Produktivität und Leistungsorientierung mit gleichzeitiger Mitarbeiterzufriedenheit erreicht.

Manche Kritiker werfen uns vor, dass es eine solche „Best-Practice-Annahme“, wie wir sie getroffen haben, gar nicht geben kann. Sie führen dies zum einen darauf zurück, dass die gewählten Kernfaktoren der Mitarbeiter- und Leistungsorientierung nicht den komplexen Bereich der Mitarbeiterführung abdecken. Effektive Führung kann also von diesen Merkmalen abhängen, muss aber nicht. Aus heutiger Sicht würden wir dem sicherlich in der Form zustimmen, dass es noch mehr, vor allen Dingen auch situative Faktoren gibt, die bei der Wahl des richtigen Führungsverhaltens berücksichtigt werden müssen. Unserem primären Ziel, nämlich Führungsverhalten abzubilden, hält unser Modell aber immer noch stand, und darauf sind wir auch sehr stolz.“

C Entspannung nach dem Stress

Susanne Lorenz hat sich nach dieser anstrengenden Projektphase eine Verschnaufpause verdient. Deshalb gönnt sie sich mit ihrem Freund einen zweiwöchigen Urlaub im Süden Frankreichs, der Provence. In dörflicher Abgeschiedenheit haben die zwei sich ein kleines Ferienhaus in der Nähe von Avignon am Fuße des Mont Ventoux gemietet. In dem typisch provenzalischen Bauernhaus mit angrenzendem Garten möchte das Pärchen zum einen Kraft tanken und zum anderen seine Zweisamkeit genießen, die in den vergangenen Monaten deutlich zu kurz gekommen ist.

In den ersten Urlaubstagen fällt Sven jedoch immer wieder auf, dass es seiner Freundin schwerfällt abzuschalten und sie immer wieder an die zurückliegenden Monate denken muss. Als die beiden am dritten Abend beim Essen sitzen, hält Sven ihr vor: „Du bist viel zu perfektionistisch, willst immer alles 120-prozentig machen." Mit auffällig ruhiger Stimme erklärt er, dass es doch überhaupt nicht schlimm sei, wenn bei der ersten Projektleitung nicht alles „wie am Schnürchen" laufe. Viel wichtiger sei es doch, daraus zu lernen. Susanne reagiert zunächst ungehalten, kann jedoch die Schlussfolgerung ihres Freundes nicht von der Hand weisen. Bei einem Glas Rotwein und dem Blick auf die angrenzenden Lavendelfelder beschließt Susanne, die restlichen Tage in Südfrankreich entspannter anzugehen und den Berufsalltag hinter sich zu lassen. In der verbleibenden Ferienwoche erkunden Sven und Susanne die Region: Die bunten Wochenmärkte in Avignon, die rostroten Ockerfelsen von Roussillon, die beeindruckende Architektur des Pont du Gard und die einzigartige Landschaft der Camargue sind nicht die einzigen atemberaubenden Eindrücke, die das Paar im Gedächtnis behalten wird.

Zurück in Köln bittet Susannes Vorgesetzter sie kurz nach dem Urlaub zum Gespräch und teilt ihr mit, dass er sie zu einem Führungstraining angemeldet hat. „Ich möchte", so Hoffmann, „dass Sie sich eingehender mit Führungsfragen beschäftigen, damit Sie beim nächsten Mal, wenn Sie ein Team führen, besser vorbereitet sind." Normalerweise würde sich Susanne an dieser Stelle persönlich angegriffen fühlen und den Drang verspüren, sich verteidigen zu müssen. So eine Anmeldung zu einem Seminar hätte sie vor dem Urlaub als Kritik und nicht als eine unterstützende Maßnahme empfunden. Aber durch die langen Gespräche mit ihrem Freund und die einsamen Spaziergänge hatte sie genug Zeit, sich auch selbstkritische Gedanken zu dem nicht gerade optimalen Verlauf ihrer ersten Projektleitung zu machen.

Nun ist sie jedoch insgeheim froh, die Chance zu erhalten, dieses Seminar zu besuchen. Zum Abschluss des Gespräches erhält Susanne Lorenz von Gerd Hoffmann umfassende Informationsunterlagen zu der Veranstaltung, die sich sehr vielversprechend anhören. Es handelt sich um ein praxisorientiertes Seminar für Nachwuchsführungskräfte, das von einem namhaften Institut aus Bonn angeboten wird.

In dem dreitägigen Seminar soll den Teilnehmern die praktische Relevanz von Führungstheorien, insbesondere der Situationstheorien, vermittelt werden. Die Theorien werden laut Veranstaltungsprospekt mit praktischen Erfahrungen anhand von praxisnahen Beispielen und Rollenspielen anschaulich und eindrucksvoll verknüpft. Susanne freut sich vor allem auch darauf, sich mit anderen Nachwuchsführungskräften über ihre Erfahrungen auszutauschen und neue Kontakte zu knüpfen.

Quelle: istockphoto/micha360

Zwei Wochen und drei Tage später, am letzten Seminartag, verteilt der Trainer den insgesamt 12 Teilnehmern eine Zusammenfassung der thematisierten Situationstheorien. Da das Seminar praxisorientiert aufgebaut war und durch zahlreiche Managementsimulationen viel Verhaltens-Know-how vermittelt hat, begnügt der Trainer sich damit, bei den theoretischen Anteilen auf das Selbststudium der Teilnehmer zu bauen. Die Worte des Trainers sind eindeutig: „Mit dem Wissen über Führungstheorien allein ist noch niemand eine gute Führungskraft geworden. Aber als intellektuelles Fundament hat es dennoch niemandem geschadet." Und mit Nachdruck fügt er hinzu: „Situative Führungsansätze sind heute vorherrschend. Also lesen Sie die Unterlagen nach dem Seminar bitte noch durch. Es kann Ihnen nur helfen."

⊙ *Machen Sie es Susanne gleich und nutzen Sie die Möglichkeit, sich mithilfe der kompakten Übersicht in der folgenden Lernbox die* ***„Situativen Führungstheorien"*** *in Ruhe zu Gemüte zu führen.*

Situative Führungstheorien (Teil 1)

Als Susanne an diesem Abend zu Hause in ihrer Wohnung ankommt, lässt sie sich auf ihr Sofa fallen und greift zu den Unterlagen des Führungskräfteseminars. Sie beginnt zu lesen:

„Die situativen Führungstheorien gehen davon aus, dass Führungsverhalten abhängig von der Arbeitsgruppe, den Aufgaben und der konkreten Situation ist. Es gibt folgerichtig keinen besten Führungsstil. Unterschiedliche Führungssituationen erfordern einen unterschiedlichen Führungsstil." Recht schnell merkt sie jedoch, dass der heutige Arbeitstag bei Weitem nicht spurlos an ihr vorbeigegangen ist und ihre Augenlider immer schwerer werden. Doch sie liest weiter: *„Eine erfolgreiche Führungskraft besitzt eine möglichst hohe Flexibilität und ein umfangreiches Verhaltensrepertoire, um den unterschiedlichen Situationen gerecht werden zu können. Drei Theorieansätze sind in diesem Kontext berühmt."* Im Verlauf der Lektüre fallen ihr langsam die Augen zu, und sie entschwindet in das Reich der Träume...

Fiedlers Kontingenztheorie

„Keine schlechte Idee, im Schlaf zu lernen, Frau Lorenz. Sie gestatten, dass ich mich kurz vorstelle. Mein Name ist Fred Edward Fiedler. Ich wurde 1922 in Wien geboren, verließ allerdings 1938 mein Heimatland in Richtung Amerika und fand dort mein neues Zuhause. Ich begann in den USA, mein Interesse für die Psychologie immer weiter zu vertiefen, und absolvierte in Chicago in den 40er-Jahren ein Psychologiestudium. So richtig loslassen konnte ich von dieser Wissenschaft nie, und so war ich an verschiedenen Universitäten in Illinois und Washington D.C. tätig. Aber das soll jetzt auch erstmal von mir reichen. Was ich Ihnen eigentlich kurz erzählen wollte, ist Folgendes:

Ich habe damals in den 60er-Jahren versucht, ein Modell zu entwickeln, das verdeutlicht, dass die richtige Wahl des Führungsstils immer in Abhängigkeit von der aktuellen Situation getroffen werden muss. Kontingenztheorie sollte man das dann später nennen, und so sieht es aus:

Die Basis für mein Modell bilden drei Kernvariablen, die die Führungssituation charakterisieren. Und das sind:

1. die Beziehung zwischen Führungskraft und Mitarbeitern,
2. die Aufgabenstruktur, also der Grad, in dem Vorgaben für die Tätigkeit gemacht werden (können),
3. die Positionsmacht der Führungskraft.

Anhand dieser drei Variablen sollte die Führungskraft die aktuelle Situation analysieren. Mein Modell zeigt dann Verhaltensweisen auf, die angemessene Führung widerspiegeln. So solltest du dann als Führungskraft genau vorgehen. Ich habe das damals mit einigen Probanden in einer Studienreihe praktiziert, und wir sind zu verblüffend guten Ergebnissen gekommen. Zunächst solltest du deinen aktuellen Führungsstil analysieren. Dies erfolgt über den von mir so benannten LPC-Wert (LPC = Least Preferred Coworker). Dabei betrachtest du den leistungsschwächsten Mitarbeiter und bewertest seine Eigenschaften anhand eines achtstufigen ‚semantischen Differenzials'.

Ein Ausschnitt davon sah so aus:

angenehm	8	7	6	5	4	3	2	1	unangenehm
offen	8	7	6	5	4	3	2	1	verschlossen
distanziert	1	2	3	4	5	6	7	8	persönlich

Um den LPC-Wert der Führungskraft nun exakt zu ermitteln, werden die Werte der einzelnen Ratings summiert. Weist du als Führungskraft einen hohen LPC-Wert auf, so bist du eher *beziehungsmotiviert*, während ein niedriger LPC-Wert eher auf *aufgabenmotiviertes* Führungsverhalten hindeutet.

Im zweiten Schritt geht es für dich als Führungskraft nun darum, die Situation richtig einzuschätzen. Hier kommen nun die zu Beginn erwähnten Kernvariablen ins Spiel. Durch Gewichtung der Variablen ermittelst du, welche situativen Gegebenheiten deine Macht und deinen Einfluss gegenüber der Gruppe begünstigen.

Zuerst fragst du dich, wie die Beziehung zwischen dir und den Mitarbeitern ist. Ist eure Beziehung gut oder schlecht? Hier geht es um Vertrauen und Anerkennung, die ihr euch gegenseitig entgegenbringt. Dies ist eigentlich die wichtigste der drei Variablen, denn eine gute Beziehung zu Mitarbeitern kann eine schlechte Positionsmacht oder eine komplexe Aufgabenstruktur kompensieren. Je besser also eure Beziehungen sind, desto einfacher kannst du als Führungspersönlichkeit Einfluss nehmen. Dann fragst du dich, welchen Strukturierungsgrad die zu erledigende Aufgabe hat. Ist dieser hoch oder niedrig? Schließlich fragst du dich, wie groß deine Macht in der aktuellen Situation gegenüber deinen Mitarbeitern ist. Das bedeutet, du musst dir die Frage stellen, inwieweit du die Werkzeuge der Belohnung und Bestrafung einsetzen kannst, um die Aufgabenerfüllung voranzutreiben. Du entscheidest also: Ist deine Positionsmacht stark oder schwach?

Anhand dieser Konstellationen haben wir die Leistungen von Gruppen gemessen. Ich habe dir hier eine Abbildung mitgebracht, die dir zeigt, welcher Führungsstil in Abhängigkeit von den Situationsvariablen am besten geeignet ist.

Führungskraft-Mitarbeiter-Beziehung	**Gut**				**Schlecht**			
Aufgabenstruktur	Hoch		Niedrig		Hoch		Niedrig	
Positionsmacht der Führungskraft	Stark	Schwach	Stark	Schwach	Stark	Schwach	Stark	Schwach
Situationstyp	I	II	III	IV	V	VI	VII	VIII
	Aufgabenorientierter Führungsstil (niedriger LPC)			Mitarbeiterorientierter Führungsstil (hoher LPC)			Aufgabenorientierter Führungsstil (niedriger LPC)	

Sehr günstige und sehr ungünstige Situationen erfordern also eine aufgabenorientierte Führung, während mittelgünstige Situationen von einer mitarbeiterorientierten Führungskraft profitieren. In günstigen Situationen kannst du dich als Führungskraft voll auf die Aufgabenerfüllung konzentrieren. Da kannst du die Gruppe richtig fordern, während in ungünstigen Situationen die Führungskraft nicht auf die Unterstützung der Gruppe hoffen kann.

In solchen Momenten kannst du deine Mitarbeiter nur mit Härte, starker Kontrolle und straffer Disziplin zu einer hohen Gruppenleistung führen. Bei Situationen mittlerer Günstigkeit müssen die Mitarbeiter zur Leistung animiert werden. Wenn die Aufgabe strukturiert ist, ist es günstig, sich um die Mitarbeiter und die Gruppenatmosphäre zu bemühen. Ist auch die Positionsmacht gering, kannst du nur gemeinsam mit der Gruppe ‚überleben'. So, aber jetzt schlaf erst einmal in Ruhe weiter, ich mach mich mal vom Acker."

Mit einem ganz besonderen Grinsen verschwindet Fiedler dann schließlich aus Susannes Traumwelt. Er ist ganz stolz auf seine jugendlich hippen Formulierungen...

FORTSETZUNG FOLGT

Der Wecker klingelt. Manchmal macht es Susanne Lorenz gar nichts aus, morgens früh aufzustehen, doch es gibt auch Tage wie diesen. Sie fühlt sich „gerädert“, so als hätte sie kaum geschlafen. Nur mühsam kann sie ihre Augen öffnen und sich unter der warmen Bettdecke hervorquälen. Sie schleppt sich unter die Dusche, denn da wird es eigentlich immer besser. Heute nicht. Sie genießt das warme Wasser und vergisst darüber fast die Zeit. Der Rest des morgendlichen Standardprogramms muss dementsprechend abgekürzt werden, und das Frühstück fällt fast ganz aus. Es beschränkt sich auf eine schnelle Tasse Kaffee zwischen Tür und Angel. Das trägt nicht zu besserer Laune bei, nein ganz im Gegenteil. „Oh Mann, jetzt ist das auch noch so richtig kalt“, denkt sie sich, als sie vor die Haustür tritt und zu ihrem Wagen stapft. Heute läuft wirklich nichts nach Plan. Als sie den Wagen starten will, hört sie ein Geräusch, das diesem „Worst-Case-Morgen“ die Krone aufsetzt. Statt des Geräusches eines startenden Motors hört sie nur das schnelle Klicken einer leeren Autobatterie. „Oh nein“, schießt es ihr durch den Kopf, „nicht auch das noch!“

Nachdem sie ihre Laptop-Tasche unter den Arm geklemmt hat und ihr Auto in Richtung Straßenbahnhaltestelle verlassen will, erkennt sie auch die Ursache für die Startschwierigkeiten ihres Wagens. Als sie gestern Abend zu Hause ankam, hatte sie noch mit Sven telefoniert und beim Abstellen des Fahrzeugs muss sie vergessen haben, das Licht auszuschalten. Sie geht noch einmal zurück zum Auto und dreht den Lichtschalter auf „Aus“. „Von jetzt an wird alles besser“, sagt sie sich, um ihre Stimmung aufzuhellen, und trottet verärgert zur S-Bahn.

Während sie noch an der Straßenbahnhaltestelle wartet, ertappt sie sich selbst dabei, wie sie eine Frau beobachtet, die zusammen mit vier Schulkindern ebenfalls auf eine Bahn wartet. Sie beobachtet das bunte Treiben der Kinder, die schon am frühen Morgen vor Aktivität nur so sprühen. Immer wieder weist die Frau, die anscheinend die Mutter eines der Mädchen ist, die Kinder darauf hin, nicht zu nah an die Schienen zu treten und sich etwas ruhiger zu verhalten. Susanne beginnt sich zu wundern, denn von den vier Kindern setzen drei die Aufforderungen der Frau immer sofort um, nur ein Junge verhält sich pausenlos aufmüpfig.

Als die Bahn dann endlich kommt und Susanne zusammen mit dem Schulweg-Quintett einsteigt, bleibt ihr Eindruck unverändert. „Mensch, ist das ein ungezogener Bengel“, denkt sie sich und hört dabei innerlich ihre Oma Anna schimpfen. Sie muss grinsen. „Gut, dass das nicht mein Sohn ist“, geht es ihr durch den Kopf. Doch sie beginnt sich zu fragen, warum der Junge eigentlich so handelt: „Warum hört er nicht auf das, was ihm gesagt wird?“

In ihrer immer noch nicht vollständig verflogenen Verschlafenheit überlegt Susanne Lorenz weiter: „Na ja, wir reagieren ja auch nicht immer alle gleich, wenn der Herr Hoffmann uns Aufträge erteilt." Dann fällt ihr noch etwas anderes auf: Dem aufmüpfigen Jungen gegenüber wiederholt die junge Frau ihre Aufforderung immer mindestens einmal lautstark und dann reagiert auch er den Regeln entsprechend. „Das ist ja wie in meinem Projektteam. Da musste ich auch mit jedem Teammitglied anders sprechen, damit das umgesetzt wurde, was ich verlangte." Susanne begibt sich wieder auf die Suche nach den Ursachen: Warum reicht manchmal eine ruhige Bitte aus, um eine gewünschte Reaktion zu erhalten, und manchmal muss es eine lautstarke Aufforderung sein, um ans gewünschte Ziel zu kommen? Warum müssen Menschen unterschiedlich angesprochen werden?

Eine mögliche Antwort bietet das Führungsmodell von Hersey und Blanchard, mit dem unsere Protagonistin in der folgenden Lernbox konfrontiert wird.

Lernbox

Situative Führungstheorien (Teil 2)

Das Führungsmodell von Hersey und Blanchard

An der nächsten Haltestelle steigen zwei ältere Männer ein und setzen sich Susanne genau gegenüber. Sie mustern die junge Frau. Immer noch ihren Gedanken nachjagend, merkt Susanne dies gar nicht, bis sie einer der beiden anspricht:

„Entschuldigen Sie bitte, Frau Lorenz. Wir würden Ihnen gerne behilflich sein bei Ihrer Suche nach Antworten, denn genau die gleichen Fragen, die Sie gerade so sehr beschäftigen, haben wir uns auch schon vor einigen Jahren gestellt." Susanne reagiert etwas erschrocken auf diese direkte Anrede. „Jetzt stell uns doch erstmal vor und erschreck die junge Dame nicht so", ergreift plötzlich der andere der beiden Herren das Wort, „also, dass du auch immer gleich so mit der Tür ins Haus fallen musst. Mein Name ist Kenneth H. Blanchard und das ist mein Kollege Paul Hersey", er zeigt auf den Mann neben sich.

„Wir haben uns in den 60er-Jahren mit dem Thema der ‚situativen Führung' beschäftigt, und damals ist uns schon aufgefallen, dass keiner der bekannten Theorieansätze mögliche Unterschiede zwischen Weisungsempfängern berücksichtigt. Deshalb haben wir das Ihnen sicherlich schon bekannte Verhaltensgitter der Kollegen Robert R. Blake und Jane Mouton als Basis herangezogen und es weiterentwickelt. Wir haben es durch eine zusätzliche Dimension erweitert, und zwar den ‚Reifegrad' der Mitarbeiter. Denn der ist in unseren Augen dafür verantwortlich, dass Mitarbeiter verschieden reagieren.

In unserem Modell stellt der Reifegrad den situativen Faktor dar. Er umfasst eine Kombination aus der individuellen Leistungsfähigkeit (,Können') und der Leistungsbereitschaft (,Wollen') eines Mitarbeiters oder der Gruppe, die geforderte Aufgabe zu erfüllen. Das Grundprinzip dieses Führungsstiles beruht auf der Annahme, dass jeder Mitarbeiter nach seinem Reife- bzw. Bereitschaftsgrad geführt werden muss, um seine Potenziale für das Unternehmen freizusetzen. Sie können also Ihre Mitarbeiter in ihrem Entwicklungsstand unterscheiden, der sich in der Fähigkeit und der Bereitschaft zur Leistung ausdrückt. Dies führt zu einer Unterteilung in vier verschiedene Mitarbeiterklassen, gemessen am Bereitschaftsgrad:

Bereitschaftsgrad 1: sehr geringe Fähigkeit und sehr geringe Motivation

Bereitschaftsgrad 2: geringe Fähigkeit, geringe Motivation

Bereitschaftsgrad 3: Fähigkeiten, aber mäßige Motivation

Bereitschaftsgrad 4: ausgeprägte Fähigkeiten und starke Motivation

Je nachdem, in welchem Bereitschaftsgrad sich ein Mitarbeiter befindet, empfehlen wir Ihnen nach unserem Modell verschiedene Verhaltensformen.

Im 1. Bereitschaftsgrad: Unterweisen/Anweisen (,Telling')
,Gib genaue Anweisungen und überwache die Leistung!'
(hohe Aufgabenorientierung)

Im 2. Bereitschaftsgrad: Verkaufen (,Selling')
,Erkläre Entscheidungen, leite an und gib Gelegenheit für Klärungsfragen!'
(hohe Aufgaben- und Mitarbeiterorientierung)

Im 3. Bereitschaftsgrad: Beteiligen (,Participating')
,Teile Ideen mit und ermutige, Entscheidungen zu treffen!'
(hohe Mitarbeiterorientierung)

Im 4. Bereitschaftsgrad: Delegieren (,Delegating')
,Übergib die Verantwortung zur Entscheidungsfindung und Durchführung!'
(geringe Aufgaben- und Mitarbeiterorientierung)

Bei steigendem Bereitschaftsgrad der Mitarbeiter sollten Sie als Führungskraft Ihre Aufgabenorientierung also reduzieren und die Mitarbeiterorientierung verstärken. Liegen beide Faktoren über dem Durchschnitt, soll sowohl die Aufgaben- wie auch Mitarbeiterorientierung zurückgenommen werden. Zusammenfassend haben wir damals festgehalten, dass der Erfolg bzw. die Effektivität des

Führungsverhaltens davon abhängt, ob der Führende den der Situation angemessenen Führungsstil gewählt hat. Die praktische Umsetzung des Konzepts bezieht sich auf eine aktive Entwicklung und Förderung der Mitarbeiter."

„So, Ken, jetzt hast du aber auch wirklich genug erzählt, außerdem müssen wir hier aussteigen. Also, machen Sie es gut, Frau Lorenz. Wir wünschen Ihnen noch einen schönen Tag." Die beiden Herren springen hocherfreut aus der Bahn und winken Susanne Lorenz von draußen noch einmal mit ihren Hüten zu, als sie sich verwundert die Augen reibt. "Oh, ich muss wohl wieder eingeschlafen sein. Welch seltsamer, aber auch interessanter Traum?" Von den beiden Herren keine Spur. „Hoffentlich bin ich nicht zu weit gefahren", schießt es Susanne durch den Kopf. Erleichtert stellt sie fest, dass sie erst an der nächsten Station aussteigen muss.

Nach dem traumhaften Einblick in die Theorien beschließt sie, die Abhandlung nun auch zu Ende zu lesen. Am Abend findet sie in ihrem Weinregal den richtigen Weggefährten für einen gemütlichen Leseabend, einen Montepulciano D` Abruzzo aus dem Jahre 2003. Mit einem Glas Rotwein macht sie es sich also im Sessel gemütlich und liest in ihren Seminarunterlagen noch einmal alles nach: die Fied lersche Kontingenztheorie, das Modell von Hersey und Blanchard und zu guter Letzt auch den nicht weniger berühmten Entscheidungsansatz von Vroom und Yetton.

Lernbox

Situative Führungstheorien (Teil 3)

Der Entscheidungsansatz von Vroom und Yetton

Zu Beginn der 70er-Jahre hatten zwei kanadische Kollegen noch eine andere durchaus interessante Idee. Vroom und Yetton entwickelten ein Konzept, gestützt auf die Theorien Lewins, das das Entscheidungsverhalten des Vorgesetzten in den Vordergrund stellt. Die Führungskraft sollte sich bei einer anstehenden Entscheidung Gedanken machen, inwieweit es sinnvoll bzw. nötig ist, die Mitarbeiter in den Entscheidungsprozess mit einzubeziehen. Um darüber zu entscheiden, welcher Führungsstil bzw. Partizipationsgrad der Mitarbeiter angemessen ist, sollte sie sich als Führungskraft die folgenden Ja-/Nein-Fragen des Entscheidungsbaums stellen:

A) Ist die Qualität der Lösung wichtig? (*Qualitätsanforderung*)

B) Habe ich als Vorgesetzter genügend Informationen, um eine qualitativ hohe Entscheidung selbst zu treffen? (*Informationsstand des Vorgesetzten*)

C) Ist das Problem strukturiert? Ist bekannt, welche Informationen fehlen, wo sie zu bekommen sind und wie das Problem zu lösen ist? (*Strukturiertheit des Problems*)

D) Ist die Akzeptanz der Entscheidung bei den Mitarbeitern für die effektive Umsetzung wichtig? (*Handlungsspielraum der Mitarbeiter*)

E) Wenn ich als Vorgesetzter die Entscheidung selbst treffe, würde diese von meinen Mitarbeitern akzeptiert werden? (*Einstellung der Mitarbeiter zu autoritärer Führung; Akzeptanz bei Alleinentscheidung*)

F) Teilen die Mitarbeiter das Organisationsziel, das durch die Lösung des Problems erreicht wird? (*Akzeptanz der Organisationsziele durch den Mitarbeiter*)

G) Führt die bevorzugte Lösung ggf. zu Konflikten zwischen den Mitarbeitern? (*Gruppenkonformität*)

Diese Fragen navigieren den Vorgesetzten zum situationsadäquaten Entscheidungs- bzw. Führungsstil. Dabei wird vorausgesetzt, dass der Vorgesetzte die Situation richtig einschätzen kann und anschließend flexibel genug ist, seinen Stil dem vorgeschlagenen Verhalten anzupassen. Und so sieht der Entscheidungsbaum dann aus:

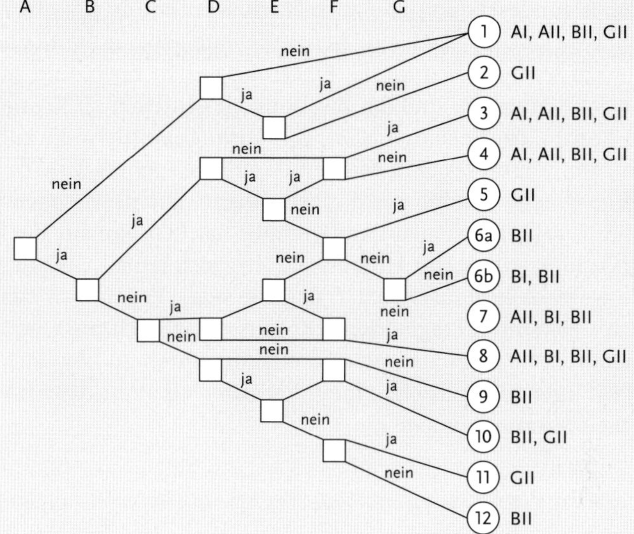

Folgende Entscheidungsstrategien stehen am Ende der einzelnen Äste:

A I: Autoritäre Alleinentscheidung durch den Vorgesetzten.

A II: Autoritäre Entscheidung nach Einholen von Information bei den Mitarbeitern.

CI: Konsultative Entscheidung nach Beratung mit einzelnen Mitarbeitern. Die Entscheidung liegt dennoch beim Vorgesetzten.

C II: Konsultative Entscheidung nach Beratung mit der ganzen Gruppe. Die Entscheidung liegt auch hier beim Vorgesetzten.

G II: Demokratische Entscheidung durch die gesamte Gruppe.

Auf diesem Weg lässt sich situativ eindeutig ableiten, welches Führungsverhalten bezüglich der Entscheidungsfindung das richtige ist.

„Nun aber genug von aller grauen Theorie“, denkt sich Susanne mit einem genüsslichen letzten Schluck des Rotweins auf der Zungenspitze. Sie geht ein paar Schritte durch ihre Wohnung, blickt aus dem Fenster in den sternenklaren Kölner Abendhimmel.

Auf der gegenüberliegenden Straßenseite ist das italienische Restaurant „Dolce Vita“ hell erleuchtet. Manchmal steht sie abends hier und schaut in die Fenster, sieht Familien, Freundescliquen oder auch Pärchen zu, wie diese – oft angeregt, in lebhafte Gespräche vertieft – sich eine hervorragende italienische Küche gönnen. Gerade in diesem Moment kommt die Einsamkeit in ihr hoch, und sie wünscht sich, dort mit Sven zu sitzen und die Zweisamkeit genießen zu können. Gerade sieht sie, wie Ronato, der Restaurantchef, den Susanne mittlerweile auch persönlich gut kennt, am großen Tisch in der Mitte Getränke serviert. Und da ist wieder dieses unwiderstehliche Lächeln des dunkelhaarigen, gutaussehenden Italieners, das auch Susanne schon in seinen Bann gezogen hat. „Ob Ronato, der immerhin – mit Aushilfskräften – dreizehn Mitarbeiter führt, sich jemals Gedanken über situative Führungsmodelle gemacht hat?“, fragt sie sich. „Vermutlich nicht“, beantwortet sie sich selbst diese Frage. Vielleicht muss man auch nie eine Führungstheorie kennengelernt haben, um gut und effektiv führen zu können. “Aber mir hat es jetzt doch irgendwie geholfen, mein Verhalten als Projektleiterin zu reflektieren“, murmelt Susanne vor sich hin.

D Eine echte Herausforderung

Wie die Zeit vergeht. Susanne Lorenz hat nach der Projektphase wieder neun Monate in ihrer ursprünglichen Aufgabe im zentralen Marketing verbracht. Wenn sie an die Projektleitung zurückdenkt, dann beschleicht sie immer wieder das Gefühl, dass damals sicher nicht alles optimal gelaufen ist, aber dass es zugleich für sie selbst eine wichtige Lernphase war. Eines ist jedoch klar: Sie selbst kann sich gut vorstellen, später einmal eine richtige Führungsaufgabe zu übernehmen. Denn auf Dauer in einer operativen Funktion zu „versauern", das kann sich Susanne nun wirklich nicht vorstellen.

Und wie es manchmal im Leben ist: „Unverhofft kommt oft." Gerade als sie mitten in den Unterlagen für die nächste Kundenbefragung steckt, ordentlich Überstunden machen muss und eher daran denkt, dass eine Woche Urlaub jetzt wieder einmal das Richtige wäre, wünscht ihr Vorgesetzter ein dringendes Gespräch. „Was er wohl von mir will?" Sie spürt eine innere Anspannung in sich aufsteigen. Auf dem Weg zu seinem Büro, das auf der gegenüberliegenden Seite des Gebäudes liegt, gehen ihr tausend Gedanken durch den Kopf. „Wenn es nur eine Kleinigkeit wäre, hätte er es mir sicher telefonisch mitgeteilt", denkt sie. Als sie an der Sekretärin mit einem kurzen Nicken vorbeiläuft, klopft ihr Herz bis zum Hals. Fast gespenstisch kommt ihr die Atmosphäre im Raum vor. Sie mag Hoffmann nicht anschauen. Verunsichert blickt sie auf die Van-Gogh-Nachbildung, die direkt hinter Hoffmanns Schreibtisch an der Wand hängt und aufgrund der bunten Farben nicht so recht zur sachlichen Atmosphäre im Raum passt. Hoffmann, noch vertieft in eine Unterlage, gibt ihr mit einer kurzen Handbewegung zu verstehen, dass sie sich setzen soll. Lange, quälende Sekunden vergehen. Sie nimmt vor dem massiven, graufarbenen Schreibtisch des Vorgesetzten Platz und kommt sich in diesem Ambiente plötzlich so klein und schutzlos vor. Hoffmann blickt auf. Er thront förmlich in seinem voluminösen Bürostuhl. Hoffmann mustert seine Mitarbeiterin einen Moment und begrüßt sie freundlich: „Hallo Frau Lorenz, ich möchte sofort zur Sache kommen." Susanne spürt einen tonnenschweren Kloß im Hals. „Ich habe mich bei der Geschäftsführung dafür ausgesprochen, dass Sie die Leitung des dezentralen Marketings für Ostdeutschland in Schwerin übernehmen sollen. Glauben Sie nicht, dass ich Sie wegloben will", beteuert er. „Aber ich bin davon überzeugt, dass Sie dafür das Potenzial haben, und früher oder später wird dieser Schritt ohnehin kommen. Und das Schöne ist, dass Sie mir weiterhin unterstellt sind und ich auf Ihre Unterstützung bauen kann. Also, was halten Sie davon?"

Dass ihr Vorgesetzter ein Problem mit der dezentralen Marketingleitung für Ostdeutschland hat, weiß Susanne schon länger. Und nun soll sie es richten. Man kann zwar nicht sagen, dass ihr Arbeitsalltag in den letzten Monaten langweilig war, aber eines wird ihr doch immer wieder klar: dass sie sich zu „Höherem" berufen fühlt. Und auch in objektiver Betrachtung hat Susanne Lorenz in den vergangenen Monaten wiederum durch ihre guten Leistungen und ihr Engagement überzeugt. Und wenn man für das zentrale Marketing überlegt, wer in der Lage ist, eine solche Führungsaufgabe in Schwerin zu übernehmen, dann kommt man an der ehrgeizigen Susanne sicher nicht vorbei.

Dabei ist zu bedenken, dass die Situation in Ostdeutschland alles andere als rosig ist. Der Vorgänger, Kurt Barthels, wurde aufgrund seines Führungsverhaltens und der nachhaltigen Misserfolge entlassen. Das hatte sich auch bis in die Rheinmetropole herumgesprochen. Die vier Mitarbeiter der Schweriner Marketingabteilung sind demotiviert und haben Angst um ihren Arbeitsplatz. Man könnte sagen: eine echte Herausforderung! „Ja, ich will das machen", platzt es förmlich aus ihr heraus.

Nach diesem entscheidenden Satz geht alles ziemlich schnell. Susanne muss innerhalb weniger Wochen einiges in die Wege leiten: eine Unterkunft in Schwerin suchen, die alte Wohnung auflösen, Umzug planen etc. Und dann noch der Stress mit Sven, ihrem Freund, der von dieser Entwicklung und der damit einhergehenden örtlichen Veränderung nicht so begeistert ist. Susanne argwöhnte schon im Gespräch mit einer Freundin, dass Sven offensichtlich keine Karrierefrau an seiner Seite wolle. Denn ob nun Köln oder Schwerin, eine Wochenendbeziehung bleibt es ja ohnehin.

Schon acht Wochen später findet Susanne sich in Ostdeutschland wieder. Schwerin, mit dem schönen alten Schloss aus dem 16. Jahrhundert, ist wirklich beeindruckend, wenn man einmal davon absieht, dass diese Stadt natürlich keine Metropole wie Köln ist. Für Susanne ist es schon ein erhebendes Gefühl, als sie nun zum ersten Mal als „echte" Chefin vor ihrem Team steht. Susanne hat aus der Projektphase einiges gelernt, möchte natürlich nichts dem Zufall überlassen und analysiert die Situation umso akribischer.

Sicherlich kann ein vierköpfiges Marketingteam nicht als groß bezeichnet werden, aber für den Anfang soll es doch reichen. Mit einer kleinen vorgefertigten Rede möchte sich Susanne ihren neuen Mitarbeitern vorstellen. Wichtig ist ihr, dass sie einen guten Start in Schwerin hat. Und das geht nur *mit* den vier Schwerinern. Das ist ihr bewusst.

Viel weiß Susanne noch nicht von den drei Vollzeitangestellten und einer Teilzeitkraft. Aus den Personalakten und einzelnen Interna, die sie von ihrem Chef Gerd Hoffmann erhalten hat, konnte sie bereits die ein oder andere Information gewinnen. Zu Beginn ihres ersten Teammeetings blickt Susanne zuversichtlich in die Runde. „Das ist also das dezentrale Marketingteam für die Baumärkte in Ostdeutschland, *mein* neues Team", geht ihr durch den Kopf.

Rechts neben ihr sitzt der 25-jährige Diplomkaufmann **Stefan Kaiser**. Aus seiner Personalakte hat sie erfahren, dass er vor fünf Monaten hier im Unternehmen seine Diplomarbeit zum „Customer-Relationship-Management" geschrieben hat. Laut Susannes Chef gilt der in Magdeburg studierte Diplom-Kaufmann Stefan Kaiser als tendenziell übermotiviert und bei der Umsetzung seiner Aufgaben als sehr theoretisch. Kurz vor dem Meeting hat sie zufällig mitgehört, wie Stefan Kaiser mit Ronny Zielinski, der neben ihm Platz genommen hat, über die anstehende Fußballsaison diskutierte. Scheinbar ist Kaiser ein glühender Fan von Hansa Rostock.

Mit seinen 28 Jahren kann **Ronny Zielinski** trotz des spätadoleszenten Alters schon fast als „alter Hase" im Betrieb bezeichnet werden, weil der gelernte Industriekaufmann bereits seit seiner Ausbildung im Unternehmen arbeitet. Vor einiger Zeit hat er bei der IHK eine Zusatzqualifikation im Bereich „Strategisches Marketing" erfolgreich absolviert. Privat steht Ronny Zielinski momentan nicht auf der Sonnenseite des Lebens. Der geschiedene Vater einer achtjährigen Tochter hat nicht nur Unterhaltsverpflichtungen, sondern auch eine Menge Schulden, wie man hört.

Direkt gegenüber sitzt **Sabine Hollerbach**, die vor knapp drei Jahren ins Unternehmen eingetreten ist. Bevor sie nach Schwerin gezogen ist, hat die diplomierte Psychologin bei einem Elektrokonzern in Hamburg gearbeitet. Mit ihren 44 Jahren hat Sabine Hollerbach einen fundierten Erfahrungsschatz im Bereich Marketing. Die große Karriere hat sie aber nie gemacht, obwohl genau das bereits seit Studienzeiten ihr Ziel ist. Sie pendelt täglich zwischen ihrem Singleappartement und ihrem Büro. Im Team ist Frau Hollerbach Spitzenreiterin in Punkto Überstunden.

Zu Susannes Linken hat die einzige Teilzeitkraft im Team Platz genommen. **Sophie Müller** ist 33 Jahre alt und fungiert vormittags als Teamassistentin, während ihre vierjährige Tochter Stella im Kindergarten betreut wird. Vor der Geburt ihrer Tochter war Frau Müller als Personalsachbearbeiterin im Unternehmen beschäftigt. Dass sie nach Ende ihrer Elternzeit vor 6 Monaten ungewollt als Assistentin in der

Marketingabteilung eingesetzt wurde, hat sie nicht wirklich begeistert. Zu ihrem Bedauern reicht allein der Lohn ihres Ehemannes für die dreiköpfige Familie nicht aus.

Susanne ist sichtlich nervös, weil es in dieser Form die erste Rede in einer so hochoffiziellen Rolle als Abteilungsleiterin ist. Sie positioniert sich in der Mitte des nüchtern wirkenden Großraumbüros und versucht es ein wenig pathetisch mit den Worten: „Wenn man mir vor einem Jahr gesagt hätte, ich würde eine solche Verantwortung übernehmen, dann hätte ich den Kopf geschüttelt. Nun stehe ich vor Ihnen und freue mich, die Herausforderungen des Alltags anzunehmen." Nach einem kurzen Blick in die Runde fährt sie fort: „Es ist meine erste richtige Führungsaufgabe und ich hoffe, dass Sie mir mit Tat und Rat zur Seite stehen, um diese zu bestehen."

Am Ende ihrer knapp zehnminütigen Rede angekommen, blickt Susanne allen vier Teammitgliedern begeisternd ins Gesicht. „Aller Anfang ist schwer", denkt sie, als ihr nicht dieselbe Begeisterung entgegenschlägt. „Vielleicht hätte ich das Ganze doch selbstbewusster anpacken und nicht so viel Unsicherheit ausdrücken sollen."

Dass die Mitarbeiter aufgrund der desolaten Situation der letzten Monate wenig motiviert sind, ist für Susanne auf den ersten Blick erkennbar. Ihr 49-jähriger Vorgänger, Kurt Barthels, hat nicht nur für viel Unruhe gesorgt, sondern scheint offensichtlich ein richtiges „Demotivationstalent" gewesen zu sein. Sabine Hollerbach erzählt ihr schon nach wenigen Tagen hinter vorgehaltener Hand, dass er eigentlich nie ein positives Wort fand, sehr ironisch war und gegenüber Frauen besonders negativ eingestellt gewesen sei.

Susanne realisiert sehr schnell, dass sie es aufgrund der hohen Erwartungen ihres Chefs in Köln schaffen muss, diese Truppe wieder aufzurichten und jeden Einzelnen neu zu motivieren. Die Frage ist nur, wie.

Aufgabenbox

Welche Motivationsmaßnahmen halten Sie für denkbar? Notieren Sie einige Maßnahmen:

____

____

____

Susanne beschließt, erst einmal in Einzelgesprächen herauszufinden, was die Mitarbeiter eigentlich wollen, welche beruflichen Ziele sie haben, also was jeden Einzelnen motivieren kann. Sie hat schon im Studium gelernt, dass Motivation ein sehr individuelles Phänomen ist und an persönlichen Motiven, Bedürfnissen und Wünschen festzumachen ist.

An diesem Freitag, der ihre ersten beiden Wochen in der neuen Wahlheimat Schwerin abschließt, sitzt sie noch um 20.30 Uhr im Büro. Alle anderen haben sich bereits ins Wochenende verflüchtigt, und außer Susannes Schreibtisch, der von einer kleinen Neonlampe beleuchtet wird, liegt der übrige Raum um sie herum im Dunkeln.

Es ist eine gespenstische Atmosphäre, aber „was soll ich auch zu Hause, wo niemand auf mich wartet", denkt Susanne mit etwas Wehmut. Sie versucht, mögliche Motivationsmaßnahmen aufzulisten, und dabei kommt ihr *Maslow* in den Sinn. Dessen Theorie hat sie ja schon in ihrer Diplomarbeit verarbeitet. „Etwas ausgelutscht", denkt sie, „aber irgendwie dennoch logisch."

⊙ *Lesen Sie in der nachfolgenden Lernbox selbst nach, was Maslow dazu sagt, wie man Mitarbeiter motivieren kann.*

Lernbox

Die Bedürfnispyramide von Maslow

„Als ich, Abraham Maslow, 1954 erstmals meine ‚Theorie der Bedürfnishierarchie' veröffentlichte, war ich an der Brandeis University in Boston tätig. Ich lehrte dort als Professor für humanistische Psychologie und hatte schon mit der einen oder anderen Veröffentlichung auf mich aufmerksam gemacht.

Meine Theorie basiert auf Bedürfnissen und Motiven, die demnach ausschlaggebend für das menschliche Verhalten sind. Ein Bedürfnis bezeichnet das generelle Gefühl eines Mangelempfindens. Richtet sich ein Bedürfnis auf ein bestimmtes Objekt, spricht man von Motiv. Bedürfnisse sind also Motiven vorgelagert und bilden die Basis der menschlichen Handlungsmotivation.

Die Bedürfnistheorien beschäftigen sich mit der Fragestellung, welche Motive den Menschen zu einem bestimmten Verhalten bewegen. Eine Führungskraft muss sich, so die Annahme, an den Motiven und Bedürfnissen der Mitarbeiter ausrichten, wenn sie motivieren möchte. Deshalb ist also die spezifische Bedürfniskonstellation jedes einzelnen Mitarbeiters wichtig.

Meine ‚Theorie der Bedürfnishierarchie' sollte eines der populärsten Modelle zur Klassifikation von Motiven bzw. zur Beschreibung der Motivation von Menschen werden. Ursprünglich hatte ich sie gar nicht als Theorie der Arbeitsmotivation konzipiert, heute findet sie jedoch im Bereich der Mitarbeitermotivation starke Beachtung.

Ich unterschied damals fünf allgemeine Klassen von Bedürfnissen:

(1) Physiologische Bedürfnisse

(Grundbedürfnisse des Organismus, wie z. B. Sauerstoff, Nahrung, Schlaf)

(2) Sicherheitsbedürfnisse

(z. B. gesicherter Arbeitsplatz, sicheres Einkommen, Altersversorgung)

(3) Soziale Bedürfnisse

(Wunsch nach Gruppenzugehörigkeit, Freundschaft, Zuneigung und gutem Arbeitsklima etc.)

(4) Anerkennungsbedürfnisse

(Streben nach sozialem Ansehen, Prestige, Lob und Anerkennung für geleistete Arbeit)

(5) Selbstverwirklichungsbedürfnisse

(Streben nach Erfüllung des Selbstkonzepts, Einbringung eigener Vorstellungen und Verbesserung am Arbeitsplatz)

Die ersten vier Bedürfnisse nannte ich **Defizitmotive,** denn deren „Nicht-Befriedigung" wird als Mangel empfunden und damit zum Handlungsmotivator. Das Bedürfnis nach Selbstverwirklichung ist hingegen ein **Wachstumsmotiv**, denn es besitzt einen unersättlichen Motivationscharakter.

Mit der pyramidalen Anordnung wollte ich verdeutlichen, dass die ‚unteren' Bedürfnisse für die Motivation und das Verhalten des Individuums vorrangige Motive darstellen. Das jeweils niedrigste Bedürfnis beherrscht so lange das Verhalten, bis es befriedigt ist. Die nächsthöhere Bedürfnisebene wird erst dann erreicht, wenn die Bedürfnisse der darunter liegenden Ebenen erfüllt sind.

Bedürfnishierarchie nach Maslow

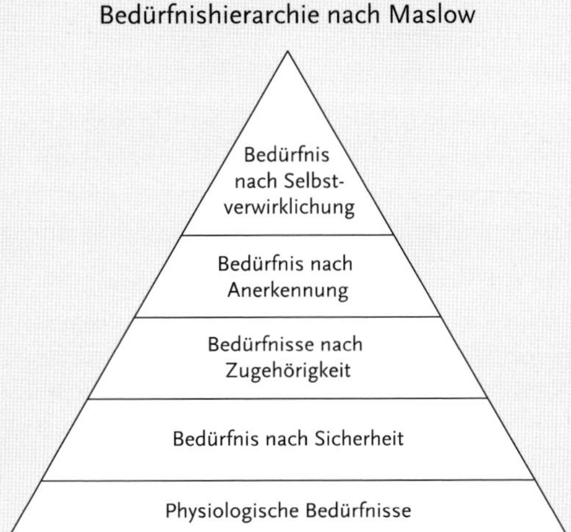

Clayton Alderfer, ein Kollege von mir, hat 1972 mit seiner **ERG-Theorie** diese Überlegung aufgenommen und eine modifizierte Bedürfnishierarchie aufgestellt. Er unterscheidet nur noch drei Bedürfnisklassen:

(1) Existenzbedürfnisse (**E**xistence)

(Physiologische Bedürfnisse, Sicherheit, Bezahlung, Arbeitsbedingungen)

...werden umso stärker, je weniger sie befriedigt sind und je weniger

die R-Bedürfnisse befriedigt sind.

(2) Soziale Bedürfnisse (**R**elatedness)

(Wertschätzung, Zugehörigkeit, Zuneigung)

...werden umso stärker, je weniger sie befriedigt sind und je mehr die

E-Bedürfnisse befriedigt sind und je mehr die G-Bedürfnisse befriedigt sind.

(3) Entwicklungsbedürfnisse (**G**rowth)

(Entfaltung und Selbstverwirklichung)

...werden umso stärker, je mehr die R-Bedürfnisse befriedigt sind, und umso stärker, je mehr oder weniger die G-Bedürfnisse befriedigt sind.

Der wesentliche Unterschied zu meiner Bedürfnishierarchie ist, dass das unterrangige Bedürfnis nicht befriedigt sein muss, um sich durch das hierarchisch höhere Bedürfnis in seiner Handlung motivieren zu lassen. Hinzu kommt, dass bereits befriedigte Bedürfnisse neben den noch unbefriedigten weiter als Motivatoren wirksam sein können. Wir beide haben damit sicherlich eine Basis zur Entwicklung von betrieblichen Anreizsystemen geschaffen. Wir haben alle menschlichen Bedürfnisse in unsere Modelle mit einbezogen, womit es möglich ist, sowohl individuelle als auch situationsadäquate personalpolitische Maßnahmen zu entwickeln.

Ja, Susanne, ich weiß schon, dass meine Bedürfnispyramide wegen der starren Ausrichtung (Abfolge der Bedürfnisstufen) und der eingeschränkten Betrachtungsweise (Situation, Werte und Ziele des Einzelnen werden nicht berücksichtigt) auch in der Kritik steht. Dennoch will ich nicht ohne Stolz behaupten, dass das Modell auch heute noch weit verbreitet ist, was offensichtlich an der praktischen Übertragbarkeit in den Unternehmensalltag liegt."

Susanne denkt daran, sich erst einmal Klarheit zu verschaffen, auf welcher Ebene mit welchen Maßnahmen motiviert werden kann. Können Sie ihr helfen?

Aufgabenbox

Welche betrieblichen Regelungen und Maßnahmen halten Sie für denkbar, um auf der jeweiligen Bedürfnisebene zu motivieren? Notieren Sie stichwortartig:

Selbstverwirklichungsbedürfnisse	
Anerkennungsbedürfnisse	
Soziale Bedürfnisse	
Sicherheitsbedürfnisse	
Physiologische Bedürfnisse	

Eine Musterlösung finden Sie im Anhang!

Nach gut vier Wochen in Schwerin hat sich Susanne Lorenz weitestgehend eingelebt. Sie ist begeistert von Schwerin, seinen Sehenswürdigkeiten und den hilfsbereiten und freundlichen Menschen dieser Stadt. Da in ihrer neuen Wohnung noch die Küche fehlt, kehrt sie an den Feierabenden in eines der gemütlichen Restaurants ein. Alleine in ihrem neuen Zuhause zu essen, daran kann sie sich voraussichtlich auch mit neuer Küche nur schwerlich gewöhnen.

Heute Abend hat Susanne sich für ein kleines französisches Lokal in der Stadtmitte entschieden. Bei einem vollmundigen Glas Burgunder lässt sie die vergangenen Tage Revue passieren. Sie hat eigentlich das Gefühl, dass sie bei dem Schweriner Team gut ankommt. Dennoch macht sie sich viele Gedanken über die doch sehr demotiviert wirkenden Mitarbeiter. Am meisten kreisen ihre Gedanken um den 28-jährigen Ronny Zielinski. „Wie kann ich ihn nur motivieren?“ Zielinski wirkt auf sie oft abwesend. Er kommt oft zu spät zur Arbeit und erledigt seine Aufgaben nur halbherzig. Aber was steckt dahinter? Eins wurde ihr schon zugetragen: Er hat finanzielle Sorgen! „Bedürfnisebene eins und zwei nach Maslow“, denkt Susanne. Erst vor einigen Tagen waren alle zusammen nach Dienstschluss in der Eckkneipe, und der Kollege nippte fast zwei Stunden – offensichtlich mit den Gedanken ganz woanders – an einem Glas Bier.

Die von ihr selbst aufgeworfenen Fragen gehen ihr den ganzen Abend nicht mehr aus dem Kopf. Nach einem vorzüglichen Teller *Coq au Vin* und einem zweiten Glas *Burgunder* hat Susanne einen Geistesblitz. Zufrieden macht sie sich auf den Weg in ihre erst teilweise eingerichtete Wohnung und freut sich schon auf den nächsten Morgen.

Die Idee lässt sie nicht mehr los: „Ich könnte Ronny Zielinski mit einer guten Gehaltserhöhung überraschen, zumal er in der Gehaltsstruktur gegenüber den anderen derzeit benachteiligt ist und auch noch nächste Woche Geburtstag hat. Oder sollte ich erst ein Gespräch mit ihm führen? Aber dann wäre der Überraschungseffekt dahin.“

⊙ *Wenn auch Sie die „Überraschungsvariante“ wählen und die Gehaltserhöhung anweisen wollen, lesen Sie bitte weiter bei* **D1** *(Seite 65).*

⊙ *Wenn Sie lieber vorher erst noch einmal ein persönliches Gespräch mit Zielinski führen wollen, um seine Motive und Erwartungen näher zu erkunden, lesen Sie bitte weiter bei* **D2** *(Seite 67).*

D1 Die Überraschungsvariante

Nach einer erfrischenden Dusche und einem kleinen Frühstück macht sich Susanne Lorenz auf den Weg zur Arbeit. Auch nachdem sie ihre Entscheidung nochmals überschlafen hat, ist sie überzeugt. „So kann ich Herrn Zielinski motivieren!" Im Büro angekommen, telefoniert sie sofort mit ihrem Vorgesetzten Herrn Hoffmann. Er hat ihr zwar in vielen Angelegenheiten freie Hand gegeben, aber sie möchte ihn dennoch von ihrer Entscheidung in Kenntnis setzen. Nach dem obligatorischen Austausch von Höflichkeiten erzählt Susanne Lorenz von ihrem Vorhaben: „Herr Hoffmann, ich habe mich für eine Gehaltserhöhung für Herrn Zielinski entschieden." „Ich bin in dieser Sache jetzt nicht so drin", antwortet Hoffmann kurz. „Wenn das sachlich, also vom Gehaltsgefüge her, gerechtfertigt ist, meinetwegen! Vielleicht hat Ihr Vorgänger Barthels da ja auch etwas versäumt. Klären Sie das bitte mit der Personalabteilung." Susanne freut sich, dass Hoffmann ihr freie Hand lässt. Würde sie jetzt in den Spiegel schauen, könnte sie ein unscheinbares Schmunzeln auf ihren Lippen bemerken.

Nach dem Telefonat teilt Susanne Lorenz per E-Mail und mit bester Laune der Personalabteilung in Köln mit, dass das Gehalt von Ronny Zielinski um 300 € erhöht werden soll. „Das wird sicher eine angenehme Überraschung für ihn", denkt Susanne.

Der kommenden Gehaltsabrechnung legt Susanne ein persönliches Schreiben an Zielinski bei: „... möchte ich Ihnen für die bisherige Leistung danken und Sie mit einer angemessenen Gehaltserhöhung belohnen." Deutlich länger als sonst üblich hat sie daran gesessen, die richtigen Formulierungen für dieses Schreiben zu finden.

Zehn Tage später ist es soweit: Die Gehälter werden überwiesen. Gespannt wartet sie auf eine Reaktion des Industriekaufmanns. Aber keine Reaktion! „Er tut doch tatsächlich so, als wäre nichts geschehen", denkt Susanne enttäuscht. Genau das Gegenteil ist der Fall. Er wirkt gereizt und noch demotivierter. Was ist nur los? Ein Telefonat mit der Personalabteilung bringt Klarheit: In der Zeit seiner Partnerschaft, aus der die Tochter stammt, hat er durch eine gescheiterte Unternehmensgründung über 25.000 € Schulden angehäuft. Die Verschuldung reicht so weit, dass bei Ronny Zielinski monatlich bis zur Grenze des Freibetrages von seinem Gehalt gepfändet wird. Er stellt sich durch die Gehaltserhöhung also finanziell nicht besser. „Hätte ich doch nur vorher mit ihm gesprochen, dann wäre dieses Malheur nicht passiert“, denkt Susanne. Und warum hat die Personalabteilung denn nicht reagiert? Haben die so etwas denn nicht im Blick? Mit einem knappen, verärgerten „Ciao“ legt sie den Hörer auf.

Auf diesem Weg hat sie gelernt, dass auch positiv gemeinte Motivationsmaßnahmen nicht zwangsläufig positiv wirken müssen.

⊙ *Wollen Sie mehr über „Lohnpfändung“ erfahren, dann lesen Sie bitte die nachfolgende Infobox.*

⊙ *Lesen Sie doch bitte nach, was bei einem vorherigen Gespräch mit Zielinski geschehen wäre. Weiter mit D2 (Seite 67).*

Infobox

Lohnpfändung

Der Begriff „Lohnpfändung“ wird allgemein auch benutzt, wenn es um eine Gehaltspfändung geht. Die Lohnpfändung ist eines der häufigsten und bei den Gläubigern „beliebtesten“ Mittel der Zwangsvollstreckung. Mit der Lohnpfändung kann der Gläubiger gleich beim Arbeitgeber – also direkt an der Quelle des Einkommens – an sein Geld herankommen. Wer dort pfänden lässt, ist gegenüber denjenigen klar im Vorteil, die auf dem üblichen Weg pfänden. Denn nach einer Lohnpfändung gehen auf dem Girokonto nur noch die unpfändbaren Lohn- oder Gehaltsanteile ein.

Kennt ein Gläubiger mit vollstreckbarem Titel die Adresse des Arbeitgebers, bei dem der Schuldner beschäftigt ist, kann er beim Gericht beantragen, dass dort eine Lohnpfändung vorgenommen wird. Das Gericht verfasst einen Pfändungs- und Überweisungsbeschluss, der dem Arbeitgeber zugestellt wird. Hat der Arbeitgeber den Beschluss erhalten, muss er den pfändbaren Teil des Arbeitseinkommens vom Lohn/Gehalt des Schuldners einbehalten und direkt an den Gläubiger überweisen.

D2 Das persönliche Gespräch mit Zielinski

Nach einer erfrischenden Dusche und einem kleinen Frühstück macht sich Susanne Lorenz auf den Weg zur Arbeit. Auch nachdem sie ihre Entscheidung nochmals überschlafen hat, ist sie überzeugt. „So kann ich Herrn Zielinski motivieren!"

Im Büro angekommen, bereitet sie alles für eine Unterredung mit ihrem Mitarbeiter vor. Sie möchte eine entspannte Atmosphäre schaffen. Damit es nicht wie ein Verhör wirkt, bereitet sie Kaffee und ein paar Kekse vor. Vorab gibt sie Sophie Müller noch schnell Bescheid, dass sie während der nächsten Stunde nicht gestört werden möchte. „Bitte nehmen Sie meine Telefonate an und sagen Sie den Anrufern, dass ich sie am Nachmittag zurückrufen werde." Nachdem sie alles für die persönliche Unterhaltung in die Wege geleitet hat, bittet sie Herrn Zielinski zu sich: „Herr Zielinski, kann ich Sie bitte unter vier Augen sprechen?"

„Herr Zielinski, schön dass Sie Zeit für mich haben", beginnt Susanne das Gespräch betont souverän. Sie hat – frei nach dem Motto „Wer fragt, der führt" – gelernt, dass Führungskräfte gut konstruierte Fragen stellen sollten, um ein erfolgreiches Gespräch aufzubauen. Und so ist sie in der Startphase des Gespräches sichtlich bemüht, mit gezielten Fragen einen offenen Dialog zu initiieren. Sie will – obwohl sie schon in den ersten Tagen in Schwerin ein erstes Mitarbeitergespräch geführt hat – in diesem Gespräch noch intensiver erforschen, was den einzelnen Mitarbeiter individuell motiviert, aber auch demotiviert, wie er sich seine Aufgaben und seine berufliche Entwicklung vorstellt und vieles mehr. Dadurch dass auch Susanne an einigen Stellen sehr offen von ihren Gedanken, Zielen und auch Ängsten berichtet, entsteht tatsächlich sehr schnell eine vertrauensvolle Atmosphäre. Es dauert nicht sehr lange, da beginnt auch Zielinski zu erzählen und Susanne erfährt wichtige Details über ihren Mitarbeiter: Der Industriekaufmann hat nicht nur eine achtjährige Tochter, gegenüber der er unterhaltspflichtig ist, sondern auch ein finanzielles Problem. In der Zeit seiner Partnerschaft, aus der die Tochter stammt, hat er durch eine gescheiterte Unternehmensgründung über 25.000 € Schulden angehäuft. Die Überschuldung reicht so weit, dass bei Ronny Zielinski monatlich bis zur Grenze des Freibetrages von seinem Gehalt gepfändet wird. Er würde sich durch die Lohnerhöhung also finanziell nicht besserstellen, schießt es Susanne direkt durch den Kopf.

Und so sucht sie in diesem Gespräch aktiv nach anderen Ansatzpunkten, den Mitarbeiter zu motivieren. „Sagen Sie mir bitte offen, was ich tun kann, um Sie zu motivieren. Ich merke doch, dass Sie nicht glücklich sind, so wie es jetzt ist." Im Verlaufe des sehr offenen Gespräches wird deutlich, dass Zielinski sehr an einer neuen beruflichen Herausforderung interessiert ist. Der junge Mann gibt offen zu, dass ihm neben den operativen Aufgaben eine Mitwirkung am Konzernjahresbericht und dem Lieferantenbonusprogramm gefallen würde. Zielinski hat schon seine Ausbildung bei der KESS BauMa GmbH absolviert und anschließend eine Zusatzqualifikation im Bereich Marketing bei der IHK erfolgreich abgeschlossen. Diese Kompetenzen möchte Susanne Lorenz effektiv einsetzen und unterstützen. Sie will sich bei Hoffmann dafür einsetzen, dass er zunächst einmal am Jahresbericht mitwirken kann. Zugleich will Susanne auf monetärer Ebene über eine steuerbegünstigte Sachzuwendung nachdenken, die nicht der Lohnpfändung unterliegt.

Nach dem aufschlussreichen Gespräch ist die tatkräftige Susanne sehr zuversichtlich, was die motivierende Wirkung dieser individuell entwickelten Maßnahmen angeht. Schon am Ende der Woche, nachdem Zielinski bemerkt hat, dass Susannes Aussagen nicht nur Lippenbekenntnisse waren, werden erste Erfolge sichtbar. Der Ehrgeiz und die Motivation des Kaufmanns scheinen geweckt zu sein.

E Heimweh nach Köln

Auch wenn sie noch nicht allzu lange in Schwerin ist, plagt sie von Zeit zu Zeit das Heimweh nach Köln, ihrer Familie und ihrem Freundeskreis. Deshalb hat sie für dieses Wochenende einige Besuche bei Freunden in ihrer Heimatstadt geplant. Außerdem wird auch ihr Freund Sven das Wochenende in Köln verbringen. Den gesamten Samstag hat Susanne für ihre besten Freunde reserviert, und Sven geht am Abend mit alten Kumpels zum Eishockey, um *sein* Team, die Kölner Haie, anzufeuern. Erst am späten Abend wird sie Sven endlich wiedersehen und dann auch den ganzen Sonntag mit ihm verbringen können.

Susanne ist mit sich rundum zufrieden. Sie spürt, wie die wachsende Motivation von Ronny Zielinski auf ihre eigene Motivation übergegriffen hat. „Ich könnte ganze Wälder ausreißen! Heute werde ich mir mal einen pünktlichen Feierabend gönnen!" So macht sie sich am frühen Freitagnachmittag auf den Weg zu ihrer Wohnung. Als sie an ihren Mitarbeitern strahlend vorbeigeht, ein schönes Wochenende wünscht, hat sie zudem das Gefühl, dass ihr alle zufrieden zunicken und ihr diesen frühen Feierabend zugestehen. Zu Hause angekommen, packt sie ihre kleine Reisetasche, setzt sich in ihr Auto und macht sich auf den Weg zur Domstadt. Trotz des starken Wochenendverkehrs auf der A1 kommt sie gut voran. Bei ihren Eltern in Köln bezieht sie ihr altes Jugendzimmer, lässt sich eine Kleinigkeit zu essen auftischen und geht früh zu Bett.

Am nächsten Morgen genießt die gebürtige Rheinländerin ein gemütliches Frühstück mit den Eltern in heimatlicher Atmosphäre. Elfriede und Günther Lorenz freuen sich ebenfalls sichtlich, ihre Tochter nach einer gefühlten Ewigkeit im fernen Schwerin wieder um sich in Köln zu haben. Bei Kaffee, Tee und frischen Brötchen von der Bäckerei um die Ecke tauschen die drei die Neuigkeiten der letzten Monate aus. Am späten Vormittag ist sie zu einem Einkaufsbummel mit einer alten Freundin, Nicole Zopplein, in den Kölner Arcaden verabredet. Schon lange war sie nicht mit einer Freundin shoppen. So genießt sie den Tag mit dem üblichen Frauentratsch über gemeinsame Freundinnen, die neuesten Modetrends und aktuelle

Kinofilme sehr. Ihre Ausbeute kann sich sehen lassen: zwei neue Tops, zwei neue Blusen, ein paar Schuhe und eine Handtasche aus braunem Leder. So eine wollte sie schon immer haben. Am späten Nachmittag verabschiedet sie sich von ihrer Freundin, um sich für den Abend umzuziehen und etwas frisch zu machen. Am Abend ist sie mit Patrick Hager verabredet. Er ist in den letzten Jahren zu einem wichtigen Freund geworden, in beruflichen wie auch in privaten Situationen war er ihr immer wieder ein guter Ratgeber. Der Austausch über berufliche Ereignisse tut ihr besonders gut. Am Anfang ihrer beruflichen Laufbahn fühlte sie sich manchmal ziemlich unsicher. Patrick konnte in den letzten Jahren als Personalreferent viele Erfahrungen im Umgang mit Menschen sammeln, die auch ihr immer wieder von Nutzen waren.

Susanne schlendert, teilweise tief in Gedanken versunken, in die Kölner Altstadt. „Dieser Blick auf den Dom. Das ist Heimat!", denkt sie. Patrick und sie haben am „Alter Markt" ein Stammlokal, eine kleine typisch kölsche Eckkneipe. Susanne freut sich sehr auf das Treffen, schließlich hat Patrick ihr vor der ersten Projektleitung gut zugesprochen und Mut gemacht. Jetzt ist sie bereits Leiterin des dezentralen Marketings in Schwerin, hat ihr eigenes kleines Team und den ersten Erfolg bezüglich Mitarbeiterführung zu verbuchen. Als sie die Kneipe betritt, denkt sie: „Patrick wird staunen." Sie entdeckt ihn an einem kleinen Ecktisch: „Er ist wie immer überpünktlich", denkt sie und schmunzelt, als er sie entdeckt. In diesem Moment denkt sich Susanne: „Eigentlich ist er ja ein interessanter Mann, der Patrick, wenn er so lächelt. Ob er wohl jemals daran gedacht hat, mit mir etwas anzufangen?" Als sie wenige Sekunden später den Tisch erreicht, ist der Gedanke schon wieder halb verflogen. „Wir sind doch einfach nur gute Freunde", schließt sie den Gedanken endgültig ab.

Nach einer herzlichen Begrüßung erzählt Susanne Patrick von der vergangenen Woche. „Die Ersten im Team habe ich schon motiviert bekommen, die anderen schaffe ich auch noch", schließt sie scherzhaft ihre Erzählungen ab. Patrick hat die ganze Zeit interessiert gelauscht, kann die Begeisterung aber nicht ganz mit Susanne teilen. Seiner Meinung nach sollte sich Susanne nicht zu früh freuen. Wer weiß, wie lange diese Motivation von Ronny Zielinski anhält. Und nicht jeder Mitarbeiter ist so einfach zu motivieren. Jeder Mensch ist sehr individuell bezüglich seiner Motivation. Ein Mitarbeiter muss auch bereit sein, sich motivieren zu lassen. In dem Moment muss Susanne an Sophie Müller denken. Aus den Erzählungen heraus vermutet sie tatsächlich, dass Frau Müller das Stadium der inneren Kündigung schon erreicht hat und nur noch aus finanziellen Gründen zur Arbeit kommt. Susannes Euphorie bekommt urplötzlich einen Dämpfer. Insgeheim ist sie aber froh, dass Patrick sie in die Realität zurückholt. Natürlich hat sie mit Zielinski

Fortschritte gemacht, doch ist er nur ein kleiner Meilenstein auf dem Weg bis zu einem funktionierenden Team. Das ist ihr jetzt klar. Susanne und Patrick reden noch lange über alles, was in den letzten Monaten passiert ist. Dieser Erfahrungsaustausch ist für beide sehr wichtig und bringt sie in ihrem Alltag weiter. Am Ende des Abends beteuern die alten Freunde, so einen netten Abend in baldiger Zukunft zu wiederholen. Beim Abschied denkt sie noch den Bruchteil einer Sekunde: „Nee, nee, der Patrick wäre mir als Partner einfach zu sachlich."

Am Ende des Kneipenabends trifft sie sich in einem gemütlichen Kölner Brauhaus endlich mit Sven und seinen Kumpels, die sich noch mitten im Freudentaumel des Sieges der heimischen Eishockeymannschaft befinden. „Gut siehst du aus! Du strahlst ja richtig!", begrüßt er sie. Gemeinsam trinken sie noch ein paar kühle *Kölsch* und planen den gemeinsamen morgigen Tag.

Susanne genießt den Sonntag mit Sven und fährt am späten Sonntagabend zurück nach Schwerin. Auf der Autofahrt lässt sie das Gespräch mit Patrick noch einmal Revue passieren. Sie sieht die Fortschritte, die sie mit ihrem Team macht, weiterhin sehr positiv, aber dennoch realistischer. Zwar ist sie immer noch der Überzeugung, dass sie das Team aus seiner Demotivation herausreißen kann und wird, aber sie hat auch eingesehen, dass dies noch ein langer, harter Weg werden wird. „Um jeden Mitarbeiter individuell zu motivieren, werde ich meine Augen und Ohren offenhalten müssen."

F Endlich ein neuer Rechner

Schon am nächsten Morgen ist wieder Alltag angesagt. „Mensch, wie lange dauert das denn hier?“ Mit kaum versteckter Aggressivität schlägt Stefan Kaiser energisch auf seine Tastatur ein. Susanne Lorenz fällt nicht zum ersten Mal auf, dass ihr Kollege äußerst unzufrieden mit seinem PC ist. Als sie sich bei Arbeitsantritt in Schwerin über die Arbeitsplätze ihrer Mitarbeiter informierte, fiel ihr auch gleich auf, dass Kaiser derzeit an einem ziemlich alten PC arbeitet. Sie wunderte sich darüber und hatte sich fest vorgenommen, dies im Auge zu behalten.

Spätestens jetzt ist es an der Zeit, aktiv zu werden, da die Flüche des begeisterten Fußballfans über sein veraltetes und längst überholtes Arbeitsgerät kaum noch auszuhalten sind. Sie geht gezielt auf Kaiser zu: „Na, schon wieder Ärger mit der alten Kiste?“ frotzelt sie. „Das kann man wohl sagen“, entgegnet Kaiser verärgert. „Wissen Sie was?“, reagiert Susanne spontan. „Ich rufe sofort bei der IT-Abteilung an und schaue, dass ich einen neuen Rechner für Sie organisiere.“ Kurzerhand greift sie nach ihrem Telefonhörer und wählt die Nummer der IT-Abteilung. Sie bestellt einen neuen Rechner für Stefan Kaiser, der auch umgehend bewilligt wird und schon am Freitag geliefert werden kann. Zufrieden über ihre mehr oder weniger spontane Reaktion, widmet sie sich ihrer Alltagsarbeit und ist fest davon überzeugt, ihrem demotivierten Kollegen so wieder zu mehr Freude an der Arbeit zu verhelfen. Stefan Kaiser erzählt sie am Mittwoch bei Arbeitsbeginn begeistert: „Ich habe mich darum gekümmert, dass Sie einen neuen PC bekommen. Er wird schon am Freitag geliefert.“ Susanne ist überzeugt, damit auch Herrn Kaiser gezeigt zu haben, dass sie guten Willens ist, sich für die Mitarbeiter einzusetzen. „Na, wer sagt's denn...“, denkt sie selbstzufrieden.

Freitagmittag begibt sich Stefan dann als erster der Kollegen in den Feierabend. Er muss sich beeilen, denn für ihn geht es heute noch nach Dortmund zum Pokalspiel von Hansa Rostock bei der Dortmunder Borussia. Susanne Lorenz ist das ganz recht, denn der Techniker von der IT-Abteilung hatte sich ja bereits für heute Nachmittag angesagt, um den neuen PC zu installieren.

Nach getaner Arbeit verlässt Susanne zusammen mit dem PC-Experten die Abteilung, gespannt auf die Reaktion des fußballverrückten Kollegen. Montags sitzt sie dann, wie immer vor allen Kollegen im Büro, schon längst an ihrer Arbeit, als der etwas betrübte Kaiser, „Hansa“ hat mal wieder verloren, seinen Arbeitsplatz erobert. „Na endlich, hat man da oben mal ein Einsehen gehabt?“ Nach diesem kurzen Ausstoß seiner Gedanken beginnt Stefan seinen neuen Rechner auf seine persönlichen Belange hin einzurichten.

Auf dem Weg zur Kaffeemaschine schaut Susanne Lorenz bei ihrem Kollegen vorbei, um dessen neue Motivationslage einmal aus der Nähe zu betrachten. „Und, was sagen Sie? Zufrieden?“ So versucht Susanne ins Gespräch zu kommen. „Na ja“, entgegnet Stefan Kaiser gleichgültig „das wurde ja auch höchste Zeit. Mit dem alten Ding war ja wirklich nichts mehr anzufangen.“ Von einem deutlichen Motivationsschub kann bei dieser Reaktion nun wirklich keine Rede sein. Auch in den nächsten Tagen kann Susanne Lorenz keine deutliche Verbesserung der Stimmungslage ihres Mitarbeiters feststellen. Daraufhin beginnt sie zu grübeln: „Womit hängt es zusammen, dass der neue Rechner keine Motivationswirkung zeigt? Dabei habe ich mich so ins Zeug gelegt, schnell eine Lösung zu finden, als ich die Unzufriedenheit bei Kaiser bemerkt habe.“ Dies beschäftigt sie noch eine ganze Weile.

⊙ *Lesen Sie in der Lernbox „**Die Zweifaktorentheorie**“ nach, warum Motivationsmaßnahmen nicht immer motivierend wirken.*

Quelle: J. Willard Marriott Library, University of Utah

Die Zweifaktorentheorie

„Als ich, **Dr. Frederick Irving Herzberg**, am 18. April 1923 als Kind jüdischer Emigranten in den USA zur Welt kam, hätte niemand gedacht, dass aus mir einmal der wohl am häufigsten zitierte Motivationstheoretiker neben Maslow werden könnte. Dies ist mir mit der Entwicklung meiner ‚Zweifaktorentheorie' gelungen.

Jetzt falle ich ja schon gleich mit der Tür ins Haus...

Meine Jugend habe ich in New York verbracht. Als der Zweite Weltkrieg ausbrach, war ich gerade erst 22 Jahre alt. Als Unteroffizier gehörte ich zu den Ersten, die das Konzentrationslager Dachau aus den Fängen der Nationalsozialisten befreit haben. Ich war für die medizinische Versorgung der vor der Massenvernichtung befreiten Menschen verantwortlich. Später erhielt ich dafür Auszeichnungen. Mein privates Glück habe ich in meiner Frau Shirley und meinem Sohn Mark, der drei Jahre nach unserer Heirat geboren wurde, gefunden. Auf meine Frau bin ich immer besonders stolz gewesen. Sie diplomierte 1961 als erste weibliche Medizinstudentin an der Case Western Reserve University. Damals war sie schon, oder besser erst, 40 Jahre alt. Als bekannte Kinderärztin ist sie leider 1997 verstorben.

Aber jetzt zurück zu meiner berühmten ‚Zweifaktorentheorie': Als anerkannter Professor der Arbeitswirtschaft und der klinischen Psychologie gründete und leitete ich an der Case Western Reserve University ab 1957 das Department of Industrial Mental Health. Unsere Studien bezogen sich auf den Zusammenhang zwischen Arbeitszufriedenheit und Bedürfnisbefriedigung am Arbeitsplatz. 1959 stellte ich die ‚Zweifaktorentheorie' das erste Mal in dem Buch ‚The Motivation to Work' vor.

Dem Modell lag eine Studie zugrunde, bei der ich mit meinen Mitarbeitern 200 Ingenieure und Buchhalter zu Faktoren befragte, die Zufriedenheit und Unzufriedenheit hervorrufen. Als eine der wichtigsten Erkenntnisse dieser ‚Pittsburgh-Studie' stellten wir fest, dass Zufriedenheit und Unzufriedenheit kein bipolares Kontinuum, sondern zwei unabhängige Dimensionen darstellen.

Als **Hygienefaktoren** werden die Dinge bezeichnet, die Unzufriedenheit verhindern und in erster Linie äußere Bedingungen des Arbeitsumfeldes betreffen. Dazu werden überwiegend extrinsische Charakteristika wie die Bezahlung, die Unternehmenspolitik, die Art der Personalführung sowie Arbeitsplatzbedingungen, Arbeitssicherheit und ausdrücklich die Arbeitsplatzausstattung gezählt. Diese Faktoren sind nicht in der Lage, Zufriedenheit zu erzeugen. Dafür bedarf es des Einsatzes sogenannter **Motivatoren**. Dies sind Faktoren, die sich im Wesentlichen direkt auf den Arbeitsinhalt des Mitarbeiters beziehen, aber auch die entsprechende Anerkennung der geleisteten Arbeit, der Leistungserfolg oder auch Aufstiegschancen und Entfaltungsmöglichkeiten.

Nur mithilfe solcher Motivatoren ist es möglich, bei Mitarbeitern Zufriedenheit zu erzeugen. Darum werden sie von mir als „Satisfaktoren" bezeichnet. Die Hygienefaktoren decken hingegen die Grundbedürfnisse des Mitarbeiters ab und führen somit bei unzureichender Befriedigung zu Unzufriedenheit. Daher werden sie auch „Dissatisfaktoren" genannt. Ich ziehe als Konsequenz aus meinen Beobachtungen, dass weitestgehend nur in Faktoren, die sich auf Arbeitsinhalte und das persönliche Vorankommen des Mitarbeiters beziehen, Motivationspotenzial steckt.

Nicht alle Faktoren sind jedoch eindeutig einer der beiden Klassen zuzuordnen. Hier nimmt die Entlohnung beispielsweise eine Sonderstellung ein. Kurzfristig kann eine bessere Vergütung zu erhöhter Zufriedenheit führen. Dauerhaft aber hat eine bessere Bezahlung alleine kaum Motivationswirkung. Darum wird die Entlohnung in der Regel eher zu den Hygienefaktoren gezählt.

Da der vermehrte Einsatz von Dissatisfaktoren zur Beseitigung der Unzufriedenheit führt und somit zu einem gewissen Wohlfühlen des Mitarbeiters beiträgt, kann darauf nicht verzichtet werden. Mit den Hygienefaktoren wird also die Grundlage geschaffen, auf der die Motivatoren ansetzen können, um den Arbeitseifer des Mitarbeiters zu wecken. Um optimal zu motivieren, ist also ein Zusammenwirken der beiden Dimensionsfaktoren nötig.

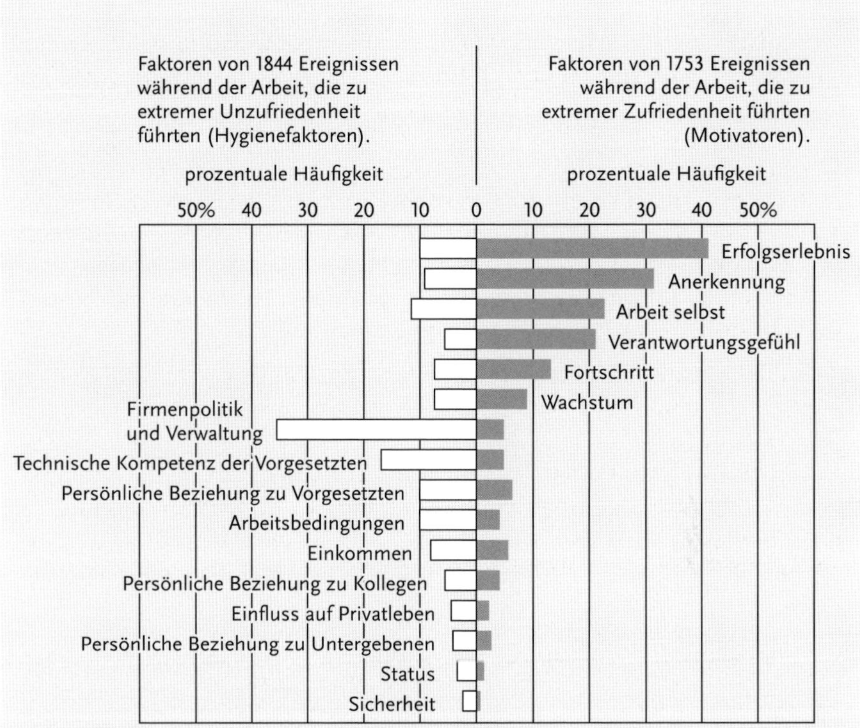

Motivatoren und Hygienefaktoren nach Herzberg

Meine Motivationstheorie wird immer noch kritisch betrachtet. Dessen bin ich mir durchaus bewusst. Gerade die Art und Weise, wie wir zu unseren Untersuchungsergebnissen gelangt sind, wird häufig infrage gestellt, vor allem die dürftige Stichprobe. Dies ist nur ein Kritikpunkt, der mir und meinem Forschungsteam nach Veröffentlichung des Modells entgegengebracht wurde. Und trotzdem haben unsere Beobachtungen zu einem Wandel im Motivationsdenken beigetragen. 1995 wurde mein Buch ‚*Work and the Nature of Man*' als eins der zehn wichtigsten Bücher der Managementtheorie des 20. Jahrhunderts von der internationalen Presse benannt. Darauf kann ich stolz sein."

Von 1972 bis zu seinem Tod im Jahre 2000 arbeitete Dr. Frederick Herzberg als Professor an der University of Utah (College of Business). Des Weiteren war er über 20 Jahre Berater für namhafte Unternehmen (z. B. IBM, General Motors) und Regierungen.

G Gedanken in der Weihnachtszeit

Wochen und Monate vergehen. Die Marketingleiterin in Schwerin wird immer vertrauter mit ihrer neuen Rolle. Susanne Lorenz verlässt heute fröhlich pfeifend das Büro, eine Stunde früher als üblich. Sie hat sich vorgenommen, sich in der Schweriner Innenstadt schon mal ein wenig nach Weihnachtsgeschenken für Familie und Freunde umzuschauen. Einige Ideen hat sie schon, doch fehlt ihr noch ein passendes Geschenk für ihre Mutter. Also macht sie sich mit dem Bus auf den Weg in die City. Unterwegs erfreut sie sich an der Weihnachtsdekoration, die auf der Straße und in schon fast allen Geschäften hergerichtet ist. Kurzzeitig beginnt sie zu träumen und versucht sich an die letzte weiße Weihnacht zu erinnern. „Das muss ja eine Ewigkeit her sein", denkt sie.

Für dieses Jahr ist sie sich noch nicht ganz sicher, wo sie die Feiertage eigentlich verbringen wird. Würden sie bei Sven in München feiern, dann wäre der Schnee ja schon fast garantiert, aber vielleicht wird es auch ein Familienfest in Köln, und da schneit es bekanntlich so gut wie nie. Ganz zufrieden ist sie mit der Tatsache nicht, dass sie dahingehend noch keine Planungssicherheit hat, aber Sven möchte sich nicht so richtig äußern und schiebt diese Entscheidung immer wieder gerne auf. Das ist auch so eine Eigenschaft, die Susanne an ihrem Freund stört, doch in der Adventszeit möchte sie die Beziehung nicht unnötig belasten.

Als sie den Bus an der Haltestelle „Marienplatz" verlässt und ihr der Duft von Glühwein und Zimtsternen in die Nase steigt, hat sie dieses kleine Ärgernis längst vergessen. Sie schlendert durch die Geschäfte und überlegt, was sie denn wohl ihrer Mutter schenken könnte. Letztes Jahr waren sie noch zusammen in der Schildergasse in Köln unterwegs gewesen und hatten gemeinsam nach Geschenken Ausschau gehalten. Dabei hatte ihre Mutter einen schwarzen Mantel entdeckt, der ihr so gut gefiel. Susanne war dann einen Tag später noch einmal alleine losgegangen und hatte den Mantel dann schließlich gekauft und so war die Freude groß, als ihre Mutter das Geschenk auspackte. Etwas wehmütig denkt sie: „Na, diese Alternative fällt wohl dieses Jahr aus." Für einen kurzen Moment sehnt sie sich zurück nach

Köln in die familiäre Geborgenheit. Es freut sie, dass sie stets schöne, freudige Gedanken mit ihrer Familie und ihrem Zuhause verbinden kann, was man von ihrer aktuellen Beziehung nicht immer behaupten kann. Natürlich ist sie andererseits auch sehr stolz darauf, was sie sich in der neuen fernen Stadt Schwerin aufgebaut hat.

Wenige Sekunden später kreisen ihre Gedanken wieder um das Geschenk für ihre Mutter. Sie versucht sich in deren Lage zu versetzen: „Wenn ich meine Mutter wäre, was könnte ich denn dann so gebrauchen?“ Während sie diesen Satz so vor sich hinmurmelt, hat sie das Gefühl, Ähnliches heute schon einmal gemacht zu haben, kann aber den Zusammenhang nicht herstellen und so schlendert sie ganz in Gedanken weiter durch die Uhrenabteilung im Kaufhaus ihres Vertrauens. Für Sven hatte sie sich nämlich überlegt, dass er dringend eine neue Uhr bekommen sollte. Er trägt nämlich immer noch die, die er von seinem Patenonkel zum Vordiplom bekommen hat. Hier ist es also „allerhöchste Eisenbahn“. Sie kann das Angebot des Kaufhauses schnell auf fünf Modelle reduzieren, die in die engere Auswahl kommen. Sie entscheidet sich schließlich für das schwarze Ziffernblatt mit den arabischen Zahlen, das Metallarmband und das Schweizer Uhrwerk.

Zufrieden mit diesem erfolgreichen Kauf schlendert sie noch ein wenig durch die Stadt. Sie kauft dies und das und erreicht schließlich voll bepackt und ziemlich müde ihre kleine Wohnung. Erschöpft lässt sie sich auf ihr Sofa fallen. Sie begutachtet ihre weiteren Einkäufe. Für Sven hat sie zusätzlich noch eine Konzert-DVD gekauft, die sie jetzt mustert. Um das gute Stück einmal zu testen und selbst etwas abzuschalten, legt sie die Scheibe ein und beginnt lauthals zu singen und sich damit jeder Peinlichkeit hinzugeben. Nach den ersten beiden Liedern muss sie allerdings feststellen, dass sie mächtig Hunger hat. Sie stellt den Fernseher leiser und schlendert in die Küche.

Für ihre Mutter hat sie noch immer nichts gefunden. Das nagt an ihr, und sie stellt sich erneut die Frage: „Worüber würde ich mich freuen, wenn ich sie wäre?“ Als sie den Kühlschrank öffnet, wird ihr auf einmal klar, in welchem Kontext sie heute Morgen ähnlich gedacht hat. Sie hatte eine Rundmail der Personalabteilung an alle Führungskräfte bekommen, dass die Mitarbeitergesprächsrunde für das nächste Jahr jetzt anlaufe und die Führungskräfte gebeten werden, Termine abzustimmen. Im Zusammenhang mit der Leistungsbeurteilung, die in diesen Gesprächen vorgenommen werden soll, hatte sie sich gefragt: „Wenn ich ein Mitarbeiter meiner eigenen Abteilung wäre, was würde mich zu Höchstleistungen motivieren? Welche Anreize müsste das Unternehmen mir bieten? Möchte ich unbedingt ein besseres Gehalt oder würde eine Verbesserung des Arbeitsklimas die Qualität meiner Arbeit steigern?“

Als sie die Kühlschranktür schließt, befällt sie ein unsicheres Gefühl. Bei dem Gedanken, in naher Zukunft erstmalig Mitarbeitergespräche mit Leistungsbeurteilung führen zu müssen, wird ihr nämlich schon ein wenig mulmig. Sie macht sich Gedanken, wie sie ein solches Gespräch gestalten sollte.

⊙ *Bevor Susanne sich an die Mitarbeitergespräche heranwagt, sollte sie sich erst noch etwas intensiver damit beschäftigen, welche internen Vorgänge in Menschen ablaufen, was Motivation oder Demotivation anbetrifft. Lesen Sie deshalb erst die* **Lernbox „Prozesstheorien“** *durch.*

Lernbox

Die Prozesstheorien:

Die Erwartungs-Wert-Theorie

„Mit der Frage, welche internen Vorgänge in Menschen ablaufen, was Motivation und Demotivation anbetrifft, habe ich, **Victor Harold Vroom**, mich in meinen Arbeiten lange und intensiv beschäftigt. Daher ist es eine gute Idee, sich vor den ersten Mitarbeitergesprächen, die du, Susanne, als Vorgesetzte führen musst, mit meinem Ansatz zu beschäftigen.

Ausgangspunkt meines Ansatzes ist die Frage, wie ein bestimmtes Verhalten des Einzelnen generiert, gelenkt und erhalten bzw. unterbrochen werden kann. Der Fokus liegt hier, wie der Name bereits ahnen lässt, auf den Prozessen und Einflussfaktoren, die eine Person zu einem bestimmten Verhalten veranlassen. Als Professor für Psychologie habe ich ausführlich untersucht, warum ein Mensch bestimmte Handlungen ausführt. Anhand der Resultate habe ich 1964, im Alter von 32 Jahren, die Erwartungs-Wert-Theorie begründet.

Diese Theorie geht davon aus, dass für eine Person mehrere Anreize und Handlungsalternativen für die Erreichung eines Ziels attraktiv sein können. Die handelnde Person trifft schließlich eine Entscheidung darüber, welcher Anreiz bzw. welche Handlungsalternative für sie am wertvollsten für die Zielerreichung ist. Das Ergebnis dieser Überlegung bestimmt dann maßgeblich das Handeln der Person.

Meine Theorie beruht hierbei auf einem Weg-Ziel-Ansatz. Der Weg, d. h. die Leistung, wird vom Menschen nur dann angestrebt, wenn dieser auch zum erwünschten Ziel führt. Bezogen auf ein Unternehmen bedeutet dies, dass ein Mitarbeiter immer dann die Ziele der Unternehmung anstrebt, wenn diese ihm nutzen, seine eigenen individuellen Ziele zu erreichen. Hinzu kommt, dass ein

Mensch, wenn er mehrere Handlungsentscheidungen zur Verfügung hat, diejenige auswählt, die ihm am nützlichsten für das Erreichen des Ziels ist und die er außerdem für realisierbar hält."

Die Theorie beschreibt drei Grundelemente der Motivation:

- **Erwartungen**: Wahrscheinlichkeit, dass auf eine bestimmte Handlung ein bestimmtes Ergebnis folgen wird (Handlungs-Ergebnis-Erwartung)
- **Instrumentalität**: Erwartung, dass ein erreichtes Handlungsergebnis zu einer positiven Konsequenz führt (Ergebnis-Folge-Erwartung)
- **Valenz**: die Wertigkeit einer Belohnung (Stärke des individuellen Verlangens/Nutzens)

„Ich hoffe, dass ich dir mit meiner Theorie weiterhelfen konnte, Susanne. Oder war das zu kompliziert? Wenn ja, dann versuch's doch mal mit meinen Kollegen Porter und Lawler. Die haben mein Modell aufgegriffen und ergänzt."

Das Motivationsmodell von Porter und Lawler

„Hallo Susanne, wir heißen **Lyman W. Porter** und **Edward E. Lawler** und haben ebenfalls eine Prozesstheorie entwickelt. Wir haben 1968 ein Zirkulationsmodell konzipiert, welches weitere Faktoren anführt. Damit aus Motivation Handeln wird, müssen unserer Meinung nach Fähigkeiten vorhanden sein, und das Verhalten muss als passend zu der Rolle angesehen werden, die der Handelnde einnimmt. Schließlich bewertet der Handelnde die Auswirkungen seines Verhaltens.

Wir haben die Frage untersucht, wie Motivation, Leistung und Zufriedenheit zusammenhängen. Die zentralen Variablen, die wir in zahlreichen Studien belegt haben, sind folgende:

- Anstrengung: Ausmaß an Energie, die von einem Mitarbeiter zur Erfüllung einer Aufgabe aufgewendet wird, hängt von der Wertigkeit der Belohnung ab.
- Leistung: das von der Organisation messbare Ergebnis einer Handlung.
- Belohnung: Folge von Leistungsverhalten, entweder intrinsischer Art (z. B. Erfolgserlebnis) oder extrinsisch (z. B. Bezahlung).
- Zufriedenheit: Die effektive Belohnung wird als angemessen erlebt.

Eine Belohnung wird dabei als intrinsisch bezeichnet, wenn bereits die Durchführung der Handlung als befriedigend erlebt wird. Hingegen ist sie extrinsisch, wenn eine Belohnung durch Dritte erfolgt. Die Zufriedenheit des Akteurs hängt aber nicht nur von den erzielten Belohnungen ab, sondern auch davon, wie gerecht die eigene Belohnung im Vergleich zu der anderer Handelnder empfunden wird. Als Modell sieht das so aus:

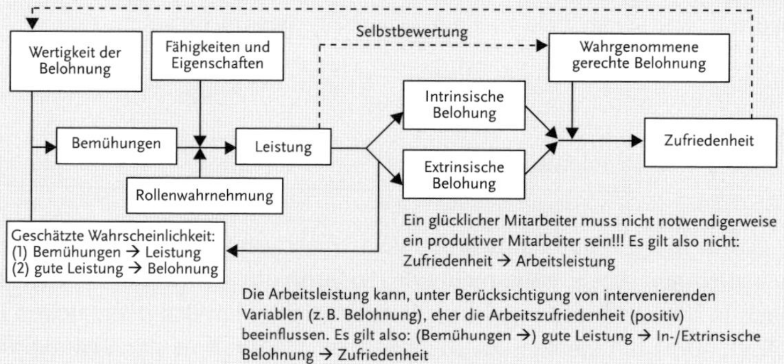

Die beiden Kernpunkte unseres Motivationsmodells sind:

1. Die individuelle Motivation am Arbeitsplatz wird bestimmt von den Wahrscheinlichkeiten, dass eine erhöhte Bemühung zu verbesserter Arbeitsleistung führen wird.
2. Gute Arbeitsleistungen führen auch zu den gewünschten Zielen (die Valenz besitzen).

Intrinsische Belohnung wird von innen bewirkt, durch herausfordernde Aufgaben, Erfolgserlebnisse, Kompetenzerweiterung, das Gefühl, sinnvolle Arbeit zu leisten, usw.

Extrinsische Belohnung ist nicht mit der Arbeit selbst verbunden, sondern fließt der Person aus Quellen der Organisation zu: finanzielle Belohnung, Gewinnbeteiligung, Karriere/Beförderung, Freundschaften usw.

Die Auswirkungen der Handlung fließen als Erfahrungen in das künftige Verhalten des Akteurs ein, was den Namen Zirkulationsmodell erklärt.

So, Susanne, jetzt sind deine Kenntnisse über die Prozesstheorien wieder aufgefrischt. Wir wünschen dir viel Erfolg bei deinen zukünftigen Mitarbeitergesprächen. Unsere Theorie kann dir dabei vielleicht nützlich sein."

„Ob mir dieses Wissen bei den Mitarbeitergesprächen hilft?“, geht Susanne als Erstes durch den Kopf. Gleichzeitig wird ihr bewusst, dass sie noch viel vorzubereiten hat. Schließlich sollen ihre ersten Mitarbeitergespräche kein zielloser Dialog zwischen ihr und ihren Mitarbeitern sein, sondern eine solide Grundlage für eine gezielte, vertrauensvolle und motivierende Zusammenarbeit schaffen. Mit diesem Gedanken greift Susanne nach Stift und Papier. Sie notiert sich nochmals in Schlagworten, was sie sich als Ziel der Mitarbeitergespräche setzt:

Ich will...

– informieren	– beraten
– motivieren	– Probleme lösen

Bevor Susanne in die Detailplanung der Mitarbeitergespräche einsteigt, möchte sie den Zielsetzungen noch entsprechende Sachinhalte zuordnen. So hat sie es schließlich in ihrem Studium gelernt. Hierzu greift sie in das Regal neben ihrem Schreibtisch. Dort hat sie sich zu Beginn ihrer Übernahme der Teamleitung in Schwerin die wichtigsten Skripte und Notizen aus ihrem Studium in mehreren Ordnern abgeheftet. Zielsicher zieht sie den Ordner mit der Aufschrift *Personalwirtschaft* aus ihren Zeiten an der Fachhochschule Köln heraus und liest sich die Unterlagen zum Thema *Mitarbeitergespräch* durch.

Infobox

Das Mitarbeitergespräch

Im weitesten Sinne ist jeder Dialog zwischen direktem disziplinarischem Vorgesetzten und einem Mitarbeiter ein *Mitarbeitergespräch*. Im engeren Sinne ist das *Mitarbeitergespräch* als jährliche Routine jedoch ein wichtiges Führungsinstrument und somit auch eine wichtige Grundlage für eine gezielte und vertrauensvolle Zusammenarbeit. Der geplante Dialog zwischen Führungskraft und Mitarbeiter beschäftigt sich stets mit einem bestimmten Sachinhalt und entsprechender Zielsetzung. Man unterscheidet zwischen „anlassbezogenen“ und „entwicklungsbezogenen Mitarbeitergesprächen“.

Entwicklungsbezogene Mitarbeitergespräche werden zur Zielvereinbarung, Mitarbeiterbeurteilung sowie Förderung regelmäßig und teilweise standardisiert durchgeführt und können auch mit variabler Vergütung verknüpft werden. Das Mitarbeitergespräch wird in der Regel durch einen Gesprächsbogen gestützt. Ein erfolgreich geführtes Mitarbeitergespräch bringt dem Unternehmen, den Vorgesetzten sowie den Mitarbeitern folgende Vorteile:

- Verbesserung der Kommunikation und Zusammenarbeit
- Identifikation mit den Unternehmenszielen
- Unterstützung in den Bereichen der Nachfolgeplanung und Personalentwicklung
- Rückmeldung über die eigene Führungsrolle
- Abbau von Problemen, Missverständnissen und Vorurteilen
- Möglichkeit für Mitarbeiter, eigene berufliche Ziele, Vorstellungen und Wünsche zu artikulieren

Den Zielsetzungen des Dialogs zwischen Führungskraft und Mitarbeiter können nachstehende Sachinhalte zugeordnet werden:

Sachinhalt	Zielsetzung
• Informationen weitergeben, die für die Arbeit des Mitarbeiters erforderlich sind. • Führungsentscheidungen und Arbeitsanweisungen erläutern. • Informationen und Rückmeldungen über die Durchführung betrieblicher Maßnahmen.	**Information**
• Sachaufgaben besprechen, um den Mitarbeiter in der Erfüllung einer Aufgabe zu unterstützen. • Unzureichende Leistungen ansprechen und Verbesserungsoptionen aufzeigen. • Mitarbeiter in betrieblichen und persönlichen Fragestellungen unterstützen.	**Beratung**
• Ziele vereinbaren. • Gute Leistungen anerkennen. • Kompetenzen und Verantwortung übertragen. • Mitarbeiter fördern und entwickeln.	**Motivation**
• Probleme bei der Arbeit ergründen. • Mitarbeiter am Prozess der Entscheidungsfindung beteiligen.	**Probleme lösen**

Noch in den Text vertieft klingelt Susannes Telefon. Ihr Vorgesetzter, Hoffmann, meldet sich am anderen Ende der Leitung. Mit knappen Sätzen erinnert er sie an die anstehende Anzeigenkampagne zum „Do-it-yourself-Konzept" (DIY), die kommende Woche realisiert werden soll. „Es sind noch zahlreiche Details zu klären, Frau Lorenz. Bitte kümmern Sie sich bis Donnerstag kommender Woche darum. Ich habe Ihnen eine Liste der noch zu erledigenden Aufgaben zugemailt." Susanne ist fassungslos. Wie soll sie die Mitarbeitergespräche vorbereiten, wenn die Anzeigenkampagne bis nächste Woche stehen muss? Und die Termine für die Mitarbeitergespräche sind schon mit den Kollegen vereinbart. Sie ist unschlüssig: Susanne weiß, dass eine professionell durchgeführte Anzeigenkampagne zum Do-it-yourself-Konzept ihr bei ihrem Vorgesetzten viel Kredit einbringen wird und ihrem unternehmensinternen Image sehr nützt. Andererseits will sie natürlich auch die Mitarbeitergespräche gut vorbereiten, um den Mitarbeitern zu demonstrieren, wie wichtig diese ihr sind.

WIE WÜRDEN SIE ENTSCHEIDEN?

⊙ *Wenn Sie der Meinung sind, dass Susanne Lorenz sich aufgrund der anstehenden Mitarbeitergespräche mit Herrn Hoffmann auf eine Terminverschiebung der Anzeigenkampagne einigen und die Mitarbeitergespräche sofort und gut vorbereitet führen sollte,* *lesen Sie bitte weiter bei G1 (Seite 87).*

⊙ *Wenn Sie der Meinung sind, dass Susanne Lorenz die bedeutende Anzeigenkampagne für die nächste Woche termingerecht „ins Rollen bringen" und den Mitarbeitergesprächen nur die zweite Priorität einräumen sollte,* *lesen Sie bitte weiter bei G2 (Seite 97).*

G1 Ein gut vorbereitetes Mitarbeitergespräch

Susanne hat heute Morgen mit Herrn Hoffmann telefonisch besprochen, den Mitarbeitergesprächen die Priorität zu geben. Ihr Vorgesetzter hat sich – zugegebenermaßen nicht sehr erfreut – einverstanden erklärt, den Starttermin für die Anzeigenkampagne um eine Woche nach hinten zu verschieben.

Susanne nutzt zur Vorbereitung auf die Jahresgespräche eine Checkliste des Unternehmens, die ihr noch einmal die wichtigsten Informationen für ein erfolgreiches Mitarbeitergespräch liefert.

Leitfaden zum Jahresgespräch

Die Vorbereitung

Situationsbeispiele: Sammeln Sie während des gesamten Jahres Situationsbeispiele entsprechend der aufgelisteten Leistungsmerkmale, damit Sie im Mitarbeitergespräch ein differenziertes Feedback geben können (Was ist gut gelaufen? Was kann verbessert werden?).

Einladung: Laden Sie den Mitarbeiter frühzeitig (mindestens zwei Wochen vorher) zum Mitarbeitergespräch ein. Erläutern Sie dabei anhand des Gesprächsbogens (vor allem im ersten Gespräch) die Zielsetzung und den Ablauf des Gespräches. Animieren Sie den Mitarbeiter, sich anhand der Impulsfragen unter 1. auf das Gespräch vorzubereiten.

Atmosphäre: Sorgen Sie für einen störungsfreien Rahmen in angenehmer Atmosphäre. Ideal ist es, das Mitarbeitergespräch in einem angemessenen Besprechungsraum, nicht am eigenen Schreibtisch, durchzuführen. Als guter Gastgeber können Sie auch gerne die üblichen Getränke anbieten. Insgesamt soll der Mitarbeiter die Wertschätzung seiner Person spüren.

Das Mitarbeitergespräch

Auftakt: Begrüßen Sie den Mitarbeiter freundlich und stellen Sie erneut die Zielsetzung (Motivation, Zufriedenheit und Leistungssteigerung) und den Ablauf des Gespräches (1. Das vergangene Jahr, 2. Leistungseinschätzung, 3. Ausblick auf das kommende Jahr, 4. Maßnahmen) vor. Zeigen Sie deutlich, wie wichtig Ihnen dieses Gespräch ist.

Gespräch über das vergangene Jahr: Fragen Sie den Mitarbeiter, wie aus seiner Sicht das letzte Jahr verlaufen ist. Haken Sie interessiert nach, um Details zu erfahren. Der Mitarbeiter muss spüren, dass Sie einen offenen und ehrlichen Dialog anstreben. Sobald der Mitarbeiter Problembereiche und Arbeitsschwierigkeiten bzw. Verbesserungsoptionen benennt, sollten Sie gemeinsam nach Lösungen suchen und Maßnahmen schriftlich festhalten. Schon in dieser Phase kann ein tiefgründiges Gespräch über Alltagsprobleme des Mitarbeiters entstehen und es können wichtige Verabredungen getroffen werden.

Die Leistungseinschätzung: Arbeiten Sie anhand der Leistungseinschätzung heraus, wie *Sie* die Leistung des Mitarbeiters einschätzen (Fremdbild). Verdeutlichen Sie dabei die „Normalverteilungsannahme“: Eine mit 4 Punkten bewertete Leistung ist gut. Das Leistungsspektrum 5 bis 7 ist leicht bis sehr überdurchschnittlich und erfordert Lob und Anerkennung für den Mitarbeiter (mit möglichst konkreten Beispielen veranschaulicht). Das Leistungsspektrum 1 bis 3 zeigt Leistungsdefizite auf, die gemeinsam beseitigt werden sollen. Auch hier sollten Sie mit möglichst drei bis fünf Situationsbeispielen Ihre Bewertung untermauern, damit der Verbesserungsbedarf für den Mitarbeiter begreifbar wird. Erläutern Sie dem Mitarbeiter ausführlich, was Sie unter einer sehr guten bzw. guten bzw. verbesserungswürdigen Leistung verstehen. Prägen Sie damit Leistungsmaßstäbe, die dem Mitarbeiter Orientierung ermöglichen!

Lassen Sie den Mitarbeiter jederzeit spüren, dass es sich beim Mitarbeitergespräch um kein Kritikgespräch handelt, und stellen Sie – auch bei Leistungsmängeln – die Chance zur Verbesserung in den Vordergrund. Notieren Sie unter „Kommentar“, was bei der Leistungseinschätzung inhaltlich ausschlaggebend war und welche Einzelaspekte Sie in den Vordergrund rücken. Die im Gesprächsbogen ersichtliche Präzisierung des jeweiligen Leistungskriteriums ist lediglich eine Erläuterung des Merkmals und bedarf vielfach der stichwortartigen Ergänzung in der Kommentarspalte.

Wenden Sie bei Ihrer Leistungseinschätzung bitte einen absoluten Maßstab an. Das heißt, dass Sie die Leistung des Mitarbeiters an den Anforderungen der

Position messen. Eine höhere Vergütungsgruppe rechtfertigt insofern – bei gleicher Tätigkeit – auch eine höhere Leistungsanforderung bzw. einen strengeren Bewertungsmaßstab.

Erläutern und begründen Sie dem Mitarbeiter Ihre Leistungseinschätzung. Seien Sie zugleich aber auch offen, die Meinung des Mitarbeiters (Selbstbild) zu hören und – bei berechtigten und begründeten Einwänden – Ihre Einschätzung zu korrigieren.

Nutzen Sie die Gewichtungstabelle, um die Positionen nach Leistungsmerkmalen auszurichten. Eine Aufaddierung der Punktwerte ist lediglich optional. Richtig ist dabei der „gewichtete Mittelwert": Punktwert des Kriteriums mal Gewichtung, aufaddiert und geteilt durch die Anzahl der bewerteten Kriterien. Sollten Leistungsmerkmale im Einzelfall unzutreffend sein oder nicht bewertet werden können (z. B. bei neuen Mitarbeitern am Ende der Probezeit), lassen Sie das Kriterium einfach frei und begründen Sie dies dem Mitarbeiter.

Die Maßnahmenplanung: Nach der Leistungseinschätzung kann der Mitarbeiter nach seinen beruflichen Zielen, erforderlichen Weiterbildungsmaßnahmen sowie Optionen der Leistungsverbesserung gefragt werden. Aus dieser Nachfrage, aus dem Dialog über das vergangene Jahr sowie der Leistungseinschätzung selbst werden meist einige Möglichkeiten der Leistungssteigerung deutlich. Halten Sie diesbezüglich in der Maßnahmenplanung konkret fest, was der Mitarbeiter und Sie selbst als Vorgesetzter bzw. das Unternehmen tun können, um eine Verbesserung herbeizuführen und damit auch die Motivation des Mitarbeiters zu steigern.

Abschluss des Gespräches: Das Mitarbeitergespräch dient der Motivation und Leistungssteigerung des Mitarbeiters. Entsprechend dieser Zielsetzung sollte der Gesprächsverlauf noch einmal in wenigen Worten zusammengefasst und vor allem die erarbeiteten Maßnahmen betont werden. Verbinden Sie diese Abrundung des Gespräches mit einem Dank an den Mitarbeiter für den offenen und konstruktiven Dialog.

<table>
<tr><td colspan="10">LEISTUNGSBEURTEILUNG KESS BAUMA GMBH</td></tr>
<tr><td>1 bis 3</td><td colspan="2">4</td><td colspan="7">5 bis 7</td></tr>
<tr><td>Die Anwendung des Kriteriums entspricht nicht oder nur unzureichend den Anforderungen.</td><td colspan="2">Die Anwendung des Kriteriums entspricht den Anforderungen.</td><td colspan="7">Die Aspekte des Kriteriums werden überdurchschnittlich gut und sicher angewendet.</td></tr>
<tr><td>Fachkompetenz
• besitzt die erforderlichen aufgabenbezogenen Kenntnisse
• versteht es, die Kenntnisse in der Praxis anzuwenden
• kümmert sich um die Aktualität des Wissens und Könnens (Lernbereitschaft)
• kann neue Informationen mühelos in das vorhandene Wissen einordnen
• verfügt über EDV-Kenntnisse (wenn erforderlich)
• verfügt über Fremdsprachenkenntnisse, soweit erforderlich</td><td>Gewichtung</td><td>Kommentar:</td><td>1</td><td>2</td><td>3</td><td>4</td><td>5</td><td>6</td><td>7</td></tr>
<tr><td>Arbeitsergebnisse / Qualität
• achtet auf Gründlichkeit und Zuverlässigkeit der Arbeitsausführung
• liefert qualifizierte Arbeitsergebnisse in angemessener Zeit / Termintreue
• sorgt dafür, dass die Arbeitsergebnisse unmittelbar und direkt verwertbar sind
• arbeitet strukturiert und zielorientiert
• arbeitet an einer kontinuierlichen Verbesserung der Arbeitsqualität</td><td></td><td>Kommentar:</td><td>1</td><td>2</td><td>3</td><td>4</td><td>5</td><td>6</td><td>7</td></tr>
<tr><td>Arbeitsorganisation
• verschafft sich zunächst Überblick und setzt richtige Prioritäten
• setzt sich Arbeitsziele und überprüft Zielrichtung und Zielerreichung
• kann an mehreren Aufgaben gleichzeitig arbeiten, ohne sich zu verzetteln
• kennt erforderliche Zusammenhänge, die bei der Aufgabenerfüllung zu berücksichtigen sind / Abstimmung mit anderen Bereichen
• informiert alle Beteiligten frühzeitig und umfassend, arbeitet nach den gültigen Vorschriften der Arbeitssicherheit</td><td></td><td>Kommentar</td><td>1</td><td>2</td><td>3</td><td>4</td><td>5</td><td>6</td><td>7</td></tr>
</table>

LEISTUNGSBEURTEILUNG KESS BAUMA GMBH									
1 bis 3	**4**		**5 bis 7**						
Kostenorientierung und unternehmerisches Denken • wägt Kosten und Nutzen seiner Aktionen ab • hält seine Kostenvorgaben ein • geht sorgfältig und gewissenhaft mit Arbeitsmitteln um • berücksichtigt die Gesamtinteressen des Unternehmens		Kommentar	1	2	3	4	5	6	7
Analytisches und systematisches Denken • erfasst und strukturiert in kurzer Zeit wesentliche Sachverhalte • zieht richtige Schlussfolgerungen, erkennt Probleme und definiert Lösungen und Ziele richtig • strukturiert Aufgaben und Prozesse so, dass sie rationell und effektiv bearbeitet werden können • argumentiert strukturiert und systematisch		Kommentar	1	2	3	4	5	6	7
Soziale Kompetenz • ist verlässlich und arbeitet zuverlässig • verhält sich teamorientiert (bringt sich angemessen in das Team ein) • definiert, wo und wie Konflikte entstehen, und strebt Lösungen an • besitzt ein angemessenes Durchsetzungsvermögen • überzeugt durch sachliche Argumentation und seine Persönlichkeit		Kommentar	1	2	3	4	5	6	7
Persönliche Kompetenz • greift Aufgaben selbstständig auf und handelt unaufgefordert • verliert auch bei Rückschlägen die Motivation nicht • ist flexibel, kann sich auf unterschiedliche Partner und Situationen einstellen • übernimmt aktiv Verantwortung		Kommentar	1	2	3	4	5	6	7

LEISTUNGSBEURTEILUNG KESS BAUMA GMBH									
1 bis 3	4		5 bis 7						
Kundenorientiertes Auftreten • sieht den Kunden und die Kundenzufriedenheit als seine Hauptaufgabe an • versteht sich auch im Innenverhältnis als kundenorientierter Dienstleister • ist freundlich, pflegt ein professionelles Verhältnis zum Kunden • stellt eine hohe Erreichbarkeit für den Kunden sicher		Kommentar	1	2	3	4	5	6	7

Schon vor zwei Wochen hat sie mit Herrn Kaiser, Herrn Zielinski, Frau Hollerbach und Frau Müller über die anstehenden Mitarbeitergespräche gesprochen. Mit jedem hat sie einen individuellen Termin vereinbart. Susanne hat sich vorgenommen, jedem der vier Teammitglieder ausreichend Zeit zu widmen. Daher nimmt sie sich nur ein Gespräch pro Tag vor und rechnet mit ca. zwei bis drei Stunden je Mitarbeiter. „Dann habe ich auch genug Zeit, die Gespräche im Nachgang zu reflektieren", sagt sie zu sich selbst. Schließlich ist der jährliche Termin eine wichtige Führungsaufgabe, die sie in der kommenden Woche zum ersten Mal bewältigen muss. Bei der Terminfestlegung mit den Vieren betonte sie die Wichtigkeit der Gespräche: „Ich möchte, dass Sie den Termin als Chance sehen und nicht als notwendiges Übel. Machen Sie sich bitte Gedanken über sich, über Ihre Rolle im Team, Ihr Arbeitsverhalten sowie Ihre Arbeitsergebnisse, aber auch über Ihre beruflichen Ziele! Mir ist wichtig, dass wir zusammen individuelle, persönliche Ziele für das anstehende Geschäftsjahr entwickeln." Abschließend händigt Susanne die Beurteilungsbögen aus, auf dem sich jedes Teammitglied selbst einschätzen soll. „Bitte bringen Sie den ausgefüllten Bogen zum vereinbarten Termin mit. Wir werden dann im Dialog Ihre Selbsteinschätzung mit meiner Beurteilung abgleichen."

Susanne selbst setzt sich noch am selben Tag an die Beurteilung ihrer Mitarbeiter. Da sie ihre Aufgabe sehr ernst nimmt, aber sie noch nicht die nötige Routine hat, dauert die Einschätzung der verschiedenen Merkmalsausprägungen länger als gedacht. Die junge Führungskraft ist zwar dankbar, dass das Unternehmen bereits vor mehreren Jahren einen standardisierten Beurteilungsbogen eingeführt hat, jedoch tut sie sich schwer mit ihrer Bewertung. Zugleich ist sie froh, dass die Beurteilung nicht vergütungsrelevant ist und lediglich der Mitarbeiterförderung dient. Im Studium an der FH Köln hat sie gelernt, dass Leistungsbeurteilungen als Vergütungsinstrument sehr taktisch ablaufen und solche Gespräche deutlich schwieriger zu führen sind.

Nach mehr als zwei Stunden hat sie zumindest die Hälfte ihres Teams bewertet und so langsam verschwimmt die mehrstufige Skala vor ihren Augen. „Ich brauche jetzt eine Pause. Morgen gehe ich noch die Beurteilung für Herrn Kaiser und Frau Hollerbach durch. Für heute ist Schluss.“ Susanne legt die Beurteilungsbögen beiseite und widmet sich für den restlichen Arbeitstag der Beantwortung ihrer E-Mails und der Budgetplanung.

Die letzte Arbeitswoche ging aus Susannes Sicht viel zu schnell vorbei. Zum Glück hatte Herr Hoffmann ihre Entscheidung, die Anzeigenkampagne für fünf Tage zurückzustellen, mitgetragen. Mehr noch: Sie hat das Gefühl, dass ihr Chef die Entscheidung, die Mitarbeitergespräche mit oberster Priorität zu behandeln, als Hinweis auf Frau Lorenz’ Führungsqualitäten gewertet hat. „Hoffentlich mache ich meine Sache gut und vergesse nichts“, geht ihr Montagmorgen bei einer Tasse Kaffee durch den Kopf. „Ich muss auf jeden Fall noch die Anrufumleitung aktivieren, damit ich während der Gespräche nicht gestört werde.“ Gesagt, getan. Sie hat noch eine halbe Stunde Zeit bis zu ihrer „Premiere“. Mit Frau Hollerbach hat sie für 10.00 Uhr einen Termin ausgemacht. Konzentriert geht Susanne nochmals die Personalakte der 44-Jährigen durch. Besonderes Augenmerk legt Susanne auf die Dokumentation des vergangenen Mitarbeitergesprächs. In Gedanken geht sie die Punkte, die sie im Gespräch thematisieren möchte, ein letztes Mal durch.

„Guten Tag Frau Hollerbach, nehmen Sie doch bitte Platz.“ Pünktlich um 10.00 Uhr bittet Susanne ihre Mitarbeiterin in ihr Büro. „Wie geht es Ihnen? Darf ich Ihnen eine Tasse Kaffee anbieten?“„Gerne, danke.“ Frau Hollerbach nimmt am separaten Konferenztisch Platz, an dem Susanne mit Kaffee, Plätzchen und kalten Getränken eine angenehme Gesprächsatmosphäre geschaffen hat. Nachdem beide Frauen sitzen, erläutert Susanne den Ablauf und das Ziel des Treffens. „Dann beginnen wir mit dem Abgleich des Beurteilungsbogens.“ Schritt für Schritt gehen die beiden Frauen die Beurteilungskriterien gemeinsam durch: Fachkompetenz, Arbeitsergebnisse, Arbeitsorganisation...

In den meisten Bereichen stimmen die Beurteilung der jungen Führungskraft und die Selbsteinschätzung der erfahrenen Mitarbeiterin überein. Jedoch möchte Susanne Lorenz das Gespräch zum Anlass nehmen, die überdurchschnittlich hohe Anzahl an Überstunden zu thematisieren. „Frau Hollerbach, ich bin mit Ihrer Arbeitsleitung und Ihren Ergebnissen sehr zufrieden. Sie sind sehr zuverlässig und bringen sich gut in das Team ein. Mir ist jedoch aufgefallen, dass Sie insgesamt 132 Überstunden angesammelt haben. Was meinen Sie? Wo liegen die Ursachen für diese überdurchschnittlich hohe Anzahl an Überstunden?“ Zuversichtlich blickt Susanne über den Tisch hinweg zu ihrer Gesprächspartnerin. Diese schaut auf ihre Hände, die vor ihr gefaltet auf dem Tisch ruhen. Nach kurzem Schweigen antwortet sie: „Ich mache nur meine Arbeit." „Das weiß ich. Und wie ich bereits erwähnt habe, machen Sie Ihre Arbeit auch sehr gut. Dennoch frage ich mich, wie es zu den vielen Mehrstunden kommt." Nachdem Frau Hollerbach nicht auf Susannes Fragen antworten kann, hakt sie weiter nach. „Liegt es an der Menge der Ihnen übertragenen Aufgaben? Fühlen Sie sich überlastet?" Sabine Hollerbach blickt Susanne in die Augen. „Nein, ganz im Gegenteil. Die Menge der Aufgaben ist völlig in Ordnung. Ich arbeite gerne. Zugegeben: Die Aufgaben, die Sie mir übertragen, sind nicht alle so anspruchsvoll, wie ich es gerne hätte." Susanne ist überrascht über die Antwort. „Was für Aufgaben würden Sie denn gerne übernehmen? Können Sie mir ein Beispiel nennen?" Sabine Hollerbach erläutert Susanne, dass sie gerne mehr Verantwortung übernehmen würde. Im weiteren Gesprächsverlauf wird Susanne deutlich, was sie selbst bei der Übernahme der Teamleitung übersehen hatte. Sabine Hollerbach hatte sich selbst Chancen auf die Teamleitung ausgerechnet. Die karriereorientierte Psychologin hat viele Jahre Berufserfahrung und ist sehr engagiert. Nach ca. 30 Minuten kehrt Susanne nochmals auf ihre Ausgangsfrage zurück. „Schön, dass Sie mir gegenüber so aufgeschlossen und ehrlich sind, Frau Hollerbach. Die Frage nach dem Grund der Überstunden sind Sie mir jedoch noch schuldig geblieben." In knappen Sätzen beschreibt Sabine Hollerbach ihre private Situation: ledig, neu in Schwerin und scheinbar nicht besonders kontaktfreudig. Daher verbringt sie ihre Zeit lieber im Büro.

Infobox

Die Begriffe **Mehrarbeit** und **Überstunden** werden häufig synonym verwenden. Dabei handelt es sich rechtlich aber um zwei völlig unterschiedliche Dinge. Mehrarbeit ist die Arbeit, die über die gesetzlichen Arbeitszeitgrenzen (regelmäßig 8 Stunden werktäglich, ausnahmsweise bis zu 10 Stunden) hinausgeht.

Unter dem Begriff Überstunden versteht man hingegen die Arbeit, die der Arbeitnehmer über die für sein Arbeitsverhältnis individuell geltende Arbeitszeit hinaus leistet. Wird ein Arbeitnehmer also über die gesetzlich zulässige tägliche Höchstarbeitszeit von 8 Stunden hinaus beschäftigt, so ist dies Mehrarbeit. Wird eine Arbeitsleistung hingegen über die individuell vereinbarte Arbeitszeit hinaus erbracht, so sind dies Überstunden.

Susanne resümiert in Gedanken die Aussagen ihrer Mitarbeiterin. Sie trifft einen Entschluss. „Frau Hollerbach, die jährlichen Mitarbeitergespräche sollen ja nicht nur einen Status quo ermitteln, sondern wir wollen gemeinsam in die Zukunft blicken.“ Susanne schätzt die Zuverlässigkeit und das Verantwortungsbewusstsein der Diplom-Psychologin. Daher schlägt sie ihr vor, sie könne ihre Stellvertreterin werden. „Jedoch nur unter der Voraussetzung, dass Sie dies nicht zum Anlass nehmen, noch mehr Überstunden anzuhäufen“, erklärt sie der sichtlich erfreuten Frau Hollerbach. Weitere 15 Minuten unterhalten sich die beiden Frauen über die neuen Aufgaben, die die Mittvierzigerin nun erwarten.

Auch in den anderen Mitarbeitergesprächen versucht Susanne nicht nur ein treffendes Feedback zu geben, sondern für jeden Mitarbeiter auch Perspektiven für die Zukunft zu entwickeln, z. B. neue Aufgaben oder die Teilnahme an einer attraktiven Weiterbildung. Nach den Gesprächen hat Susanne ein richtig gutes Gefühl. Sie hat die richtigen Worte für Kritik, aber auch Lob gefunden. Auch bei der Vereinbarung der individuellen Ziele hat Susanne ein glückliches Händchen bewiesen.

⊙ *Bitte lesen Sie weiter bei H (Seite 103), falls Sie nicht wissen wollen, wie die unvorbereiteten Gespräche verlaufen wären.*

G2 Das unvorbereitete Mitarbeitergespräch

Mit Herrn Hoffmann hat Susanne telefonisch besprochen, der Anzeigenkampagne die absolute Priorität zu geben. Der Termin steht bereits seit Wochen und sollte ihrer Ansicht nach nicht verschoben werden. Die Vorbereitung für die Mitarbeitergespräche stellt Susanne hinten an. Sie möchte Herrn Hoffmann beweisen, dass sie alle Fach- und Führungsaufgaben termingerecht erfüllt. Zudem hat er Susanne dafür gelobt, dass sie ihren Aufgaben so gewissenhaft nachgeht, aber auch daran erinnert, dass das Führen von Mitarbeitergesprächen eine der wichtigsten Führungsaufgaben ist. Das ist dann auch der Grund, warum Susanne die terminierten Mitarbeitergespräche nicht verschiebt.

Noch am gleichen Tag erinnert sie das gesamte Team an die anstehenden Mitarbeitergespräche. „Wie bereits erläutert, die Gespräche muss ich mit Ihnen führen. Dazu gehört auch dieser Beurteilungsbogen." Susanne wedelt mit einem Haufen Kopien in Richtung ihrer Mitarbeiter. „Bitte füllen Sie diesen aus und bringen diesen zu dem Gespräch mit." Zum Abschluss teilt sie jedem noch einmal den Termin für das Gespräch mit. „Denken Sie bitte auch an die übrigen Termine, die in der kommenden Woche anstehen. Die Anzeigenkampagne muss termingerecht umgesetzt werden. Wir haben noch viel zu tun!"

Die letzte Arbeitswoche ging aus Susannes Sicht viel zu schnell vorbei. Die Vorbereitung und Abstimmung bezüglich der anstehenden Anzeigenkampagne hat sie planmäßig ins Rollen gebracht. Der Termin für die wichtige Kampagne hat Susannes Zeit voll und ganz in Anspruch genommen. Aber sie wollte Herrn Hoffmann auf Biegen und Brechen beweisen, dass sie Termine einhalten kann. Die Vorbereitung auf die Mitarbeitergespräche hat sie hierfür gänzlich hinten angestellt. „Hoffentlich mache ich meine Sache dennoch gut und vergesse nichts", geht es ihr Montagmorgen bei einer Tasse Kaffee durch den Kopf. Mit Schrecken stellt sie fest, dass sie den Beurteilungsbogen für Frau Hollerbach noch nicht ausgefüllt hat. In einer halben Stunde ist diese ihre erste Gesprächspartnerin. Schnell überfliegt Susanne den Vordruck und setzt ihre Kreuze.

LEISTUNGSBEURTEILUNG KESS BAUMA GMBH									
1 bis 3	**4**		**5 bis 7**						
Die Anwendung des Kriteriums entspricht nicht oder nur unzureichend den Anforderungen.	**Die Anwendung des Kriteriums entspricht den Anforderungen.**		**Die Aspekte des Kriteriums werden überdurchschnittlich gut und sicher angewendet.**						
Fachkompetenz • besitzt die erforderlichen aufgabenbezogenen Kenntnisse • versteht es, die Kenntnisse in der Praxis anzuwenden • kümmert sich um die Aktualität des Wissens und Könnens (Lernbereitschaft) • kann neue Informationen mühelos in das vorhandene Wissen einordnen • verfügt über EDV-Kenntnisse (wenn erforderlich) • verfügt über Fremdsprachenkenntnisse, soweit erforderlich	Gewichtung	Kommentar:	1	2	3	4 X	5	6	7
Arbeitsergebnisse / Qualität • achtet auf Gründlichkeit und Zuverlässigkeit der Arbeitsausführung • liefert qualifizierte Arbeitsergebnisse in angemessener Zeit / Termintreue • sorgt dafür, dass die Arbeitsergebnisse unmittelbar und direkt verwertbar sind • arbeitet strukturiert und zielorientiert • arbeitet an einer kontinuierlichen Verbesserung der Arbeitsqualität		Kommentar:	1	2	3	4	5 X	6	7
Arbeitsorganisation • verschafft sich zunächst Überblick und setzt richtige Prioritäten • setzt sich Arbeitsziele und überprüft Zielrichtung und Zielerreichung • kann an mehreren Aufgaben gleichzeitig arbeiten, ohne sich zu verzetteln • kennt erforderliche Zusammenhänge, die bei der Aufgabenerfüllung zu		Kommentar	1	2	3	4	5 X	6	7

LEISTUNGSBEURTEILUNG KESS BAUMA GMBH									
1 bis 3	**4**		**5 bis 7**						
Die Anwendung des Kriteriums entspricht nicht oder nur unzureichend den Anforderungen.	**Die Anwendung des Kriteriums entspricht den Anforderungen.**		**Die Aspekte des Kriteriums werden überdurchschnittlich gut und sicher angewendet.**						
• berücksichtigen sind / Abstimmung mit anderen Bereichen • informiert alle Beteiligten frühzeitig und umfassend arbeitet nach den gültigen Vorschriften der Arbeitssicherheit									
Kostenorientierung und unternehmerisches Denken • wägt Kosten und Nutzen seiner Aktionen ab • hält seine Kostenvorgaben ein • geht sorgfältig und gewissenhaft mit Arbeitsmitteln um • berücksichtigt die Gesamtinteressen des Unternehmens		Kommentar	1	2	3	4 X	5	6	7
Analytisches und systematisches Denken • erfasst und strukturiert in kurzer Zeit wesentliche Sachverhalte • zieht richtige Schlussfolgerungen, erkennt Probleme und definiert Lösungen und Ziele richtig • strukturiert Aufgaben und Prozesse so, dass sie rationell und effektiv bearbeitet werden können • argumentiert strukturiert und systematisch		Kommentar	1	2	3 X	4	5	6	7
Soziale Kompetenz • ist verlässlich und arbeitet zuverlässig • verhält sich teamorientiert (bringt sich angemessen in das Team ein) • definiert, wo und wie Konflikte entstehen, und strebt Lösungen an • besitzt ein angemessenes Durchsetzungsvermögen • überzeugt durch sachliche Argumentation und seine Persönlichkeit		Kommentar	1	2	3	4 X	5	6	7

LEISTUNGSBEURTEILUNG KESS BAUMA GMBH									
1 bis 3	**4**		**5 bis 7**						
Die Anwendung des Kriteriums entspricht nicht oder nur unzureichend den Anforderungen.	**Die Anwendung des Kriteriums entspricht den Anforderungen.**		**Die Aspekte des Kriteriums werden überdurchschnittlich gut und sicher angewendet.**						
Persönliche Kompetenz • greift Aufgaben selbständig auf und handelt unaufgefordert • verliert auch bei Rückschlägen die Motivation nicht • ist flexibel, kann sich auf unterschiedliche Partner und Situationen einstellen • übernimmt aktiv Verantwortung		Kommentar	1	2	3	4 X	5	6	7
Kundenorientiertes Auftreten • sieht den Kunden und die Kundenzufriedenheit als seine Hauptaufgabe an • versteht sich auch im Innenverhältnis als kundenorientierter Dienstleister • ist freundlich, pflegt ein professionelles Verhältnis zum Kunden • stellt eine hohe Erreichbarkeit für den Kunden sicher		Kommentar	1	2	3	4	5 X	6	7

Frau Hollerbach erscheint pünktlich um 10.00 Uhr in Susannes Büro. „Nehmen Sie doch bitte schon mal Platz, Frau Hollerbach. Ich bin gleich so weit.“ Hektisch macht sich die junge Führungskraft die letzten Notizen, schiebt unnötige Kopien und Unterlagen beiseite und winkt Frau Hollerbach auf den Besucherstuhl an ihren Schreibtisch. „Wie geht’s Ihnen?“ „Gut, danke“, antwortet die 44-Jährige Mitarbeiterin. „Das freut mich! Sie haben den ausgefüllten Beurteilungsbogen mitgebracht? Dann lassen sie uns doch mal vergleichen.“ Schritt für Schritt gehen die beiden Frauen die Beurteilungskriterien gemeinsam durch: Fachkompetenz, Arbeitsergebnisse, Arbeitsorganisation... „Aber wieso geben Sie mir bei Kostenorientierung nur eine mittlere Bewertung?“, fragt Sabine Hollerbach gezielt und selbstbewusst nach. Und in diesem Moment bleibt Susanne Lorenz die Spucke weg. „Hätte ich mich nur besser vorbereitet“, denkt sie. Und in diesem Augenblick wird ihr bewusst, auf welch dünnem Eis dieses Gespräch ohne gute Begründungen für die Leistungseinschätzung verläuft.

Dennoch stimmen im Großen und Ganzen die Beurteilungen der jungen Führungskraft und die Selbsteinschätzung der erfahrenen Mitarbeiterin überein. „Gut, dann unterschreiben Sie bitte noch hier.“ Susanne dreht die Kopie Richtung Frau

Hollerbach und zeigt auf das Unterschriftenfeld, „dann können wir die Bögen in Ihrer Personalakte abheften." Nach einer kurzen Pause nimmt Susanne das Gespräch wieder auf, weil ihr urplötzlich eingefallen ist, dass sie unbedingt noch eine Sache ansprechen wollte.

„Frau Hollerbach, ich bin mit Ihrer Arbeitsleistung und Ihren Ergebnissen sehr zufrieden, wie Sie eben gehört haben. Sie sind sehr zuverlässig und bringen sich gut in das Team ein. Mir ist jedoch aufgefallen, dass Sie insgesamt 132 Überstunden angesammelt haben. Was meinen Sie? Wo liegen die Ursachen für diese überdurchschnittlich hohe Anzahl an Überstunden?" Zuversichtlich blickt Susanne über den Tisch hinweg zu ihrer Gesprächspartnerin. Diese schaut auf ihre Hände, die vor ihr gefaltet auf dem Tisch ruhen. Nach kurzem Schweigen antwortet sie: „Ich mache nur meine Arbeit." „Das weiß ich. Und wie ich bereits erwähnt habe, machen Sie ihre Arbeit auch sehr gut. Dennoch frage ich mich, wie es zu den vielen Mehrstunden kommt."

Nachdem Sabine Hollerbach eher ausweichend auf Susannes Fragen antwortet, hakt sie nicht weiter nach. Stattdessen legt sie Frau Hollerbach einen Katalog der Weiterbildungsmöglichkeiten von KESS vor. „Frau Hollerbach, ich möchte mit Ihnen gerne noch ein Ziel für die kommenden 12 Monate festlegen. Suchen Sie sich doch bitte aus der Liste etwas aus, was Sie interessiert und von dem Sie gleichzeitig glauben, dass es die Thematik bei Ihrer Aufgabenerfüllung unterstützt." Sichtlich überrascht über Susannes Vorgehen blickt die Psychologin auf die Kopien, die ihre Vorgesetzte ihr über den Tisch geschoben hat. „Frau Lorenz, danke für das Angebot. Aber ich muss Ihnen sagen, dass ich mir doch mehr von einem Mitarbeitergespräch versprochen habe." Die selbstbewusste Psychologin spart nicht mit Kritik. In den nachfolgenden Minuten rutscht Susanne unruhig in ihrem Sessel hin und her. Ihr ist es sichtlich unangenehm, auf ihre Versäumnisse bei der Vorbereitung auf dieses Gespräch hingewiesen zu werden. Frau Hollerbach, die aus einem reichen Erfahrungsschatz schöpfen kann, lässt Susanne ziemlich schlecht aussehen. „Ich hätte mir mehr Zeit für die Vorbereitung der Mitarbeitergespräche nehmen sollen", geht ihr durch den Kopf. Als Frau Hollerbach mit ihren Ausführungen am Ende angelangt ist, fühlt sich Susanne mehr als niedergeschlagen. „Vielen Dank, Frau Hollerbach, für Ihre offene Kritik." Die beiden Frauen einigen sich darauf, gleich am nächsten Morgen nochmals zusammenzukommen.

Nachdem Frau Hollerbach die Bürotür hinter sich geschlossen hat, lässt Susanne bei einer Tasse Kaffee das Gespräch Revue passieren. „Frau Hollerbach hat ganz Recht mit ihrer Kritik", gesteht die junge Frau sich selber ein. „Das war nicht gerade sehr professionell von mir, die Mitarbeitergespräche auf die leichte Schulter zu nehmen. Heute bin ich dran mit Überstunden." Um die kommenden Gespräche erfolgreicher zu gestalten, macht sich Susanne an die Arbeit, diese präziser vorzubereiten.

„Da müssen wohl einige Abende dran glauben, um neben der Anzeigenkampagne auch noch die Mitarbeitergespräche professionell zu führen“, grübelt Susanne vor sich hin.

H Das neue Büro

„Irgendwie ist das schon langsam ein wenig nervig, diese Baugerüste überall, der ständige Lärm", denkt sich Susanne Lorenz auf dem Weg von der Kantine nach der Mittagspause zu ihrem Arbeitsplatz. Seit gut drei Wochen werden im gesamten Bürokomplex der KESS BauMa GmbH in Schwerin Sanierungsarbeiten durchgeführt und dies zehrt auch an ihren Nerven. Allerdings sieht sie darin auch eine Chance, denn für die nächsten Tage stehen bei den Bauarbeiten die Büroräume der Marketingabteilung auf dem Programmplan. Sie grübelt jetzt schon mehrere Tage darüber, wie die Neugestaltung nach der Sanierung aussehen soll. Auch der Weg dahin bereitet ihr Schwierigkeiten, denn sie ist sich noch nicht darüber im Klaren, ob sie alleine die Entscheidung darüber treffen sollte, wie es hier nach den Arbeiten aussehen soll, oder ob sie den Kollegen die Chance geben sollte, hierauf Einfluss zu nehmen. Aber zunächst steht für Susanne erst einmal ein langes Wochenende vor der Tür, das sie mit Sven in München verbringen möchte. Sie hat sich fest vorgenommen, danach Klarheit in die Umbaumaßnahmen zu bringen.

Von einer anstrengenden Woche gezeichnet, freut sich Susanne auf ihr Wochenende. Freitag nach Feierabend packt sie schnell ihre kleine Reisetasche, schmeißt sie in den Kofferraum ihres Autos und macht sich auf den Weg nach Hamburg zum Flughafen. Susanne und Sven haben sich jetzt schon länger nicht mehr gesehen, und so wollen sie das verlängerte Wochenende nutzen, um mal wieder etwas Zeit miteinander zu verbringen. Als sie auf die Autobahn Richtung Flughafen auffährt, merkt sie, dass sie die Arbeit noch immer nicht so richtig hinter sich lassen kann. Das ärgert sie maßlos, da sie sich doch eigentlich jetzt auf das schöne Wochenende freuen will. Immer wieder kreisen ihre Gedanken um die Renovierungsarbeiten. „Das geht so nicht weiter", denkt sie sich, „da hilft nur noch eins." Sie dreht das Radio auf und singt lauthals mit: *„Sie haben uns ... ein Denkmal gebaut ..."*

Zufrieden über ihren Entschluss, diese Entscheidung vertagt zu haben, besteigt sie ihren Flieger und freut sich auf einige entspannte Tage mit ihrem Freund. So richtig entspannen wird sie sich allerdings in den nächsten Tagen nicht, denn es kommt doch einiges anders als geplant. Als sie aus dem Flieger steigt und ihre Mailbox abhört, erlebt sie ihre erste Enttäuschung. „Hallo Schatz, ich kann dich leider nicht vom Flughafen abholen. Ich habe leider noch ein längeres Meeting. Bis später... freue mich auf dich." Sven arbeitet für *PROFIT,* eine große Unternehmensberatung, und ist dort momentan in ein Projekt mit einem sehr wichtigen Großkunden, einem weltweit operierenden Pharmaunternehmen, eingebunden. Susanne muss kurz schlucken, als sie die Nachricht hört, fängt sich aber sehr schnell wieder. Sie steigt in ein Taxi, hält unterwegs noch kurz bei einem Supermarkt, denn sie kennt doch ihren Freund: Im Kühlschrank wird nicht viel sein. Dann fährt sie zu Svens Wohnung.

Sie hatten sich damals zusammen auf die Wohnungssuche gemacht, als Sven das Angebot von *PROFIT* bekommen hatte, erinnert sie sich. Jetzt denkt sie mit einem Schmunzeln an diese zwei Tage zurück, als sie – mit dem Stadtplan bewaffnet – Wohnung für Wohnung abklapperten, um schließlich hier zu landen. Sie waren ja schon einiges gewöhnt, schließlich hatten sie als Studenten beide in Köln eine Wohnung finden müssen, aber München übertraf selbst das noch um einiges. Sie schlendert durch die Wohnung und stellt fest, dass sie alles so vorfindet, wie sie es sich vorgestellt hat. Der Ordentlichste war Sven nie. Mit einigen kleinen Handgriffen bringt sie schnell wieder etwas Ordnung in das Chaos. Eigentlich hatte sie sich mal fest vorgenommen, nicht immer hinter Sven herzuräumen, da sie sich dabei immer vorkommt wie seine Mutter, aber bei der wenigen gemeinsamen Zeit, die sie haben, macht sie da schon mal gerne Ausnahmen. Unterwegs hatte sie sich noch überlegt, dass sie noch eine Kleinigkeit kochen könnte, denn Sven wird sicherlich ziemlich fertig nach Hause kommen. Also zaubert sie schnell ein paar Nudeln.

Um halb neun setzt sich dann ihr knurrender Magen durch, und sie beginnt das Essen schon mal ohne ihren Freund. Als dann um kurz nach neun ihr Handy klingelt, ist sie eigentlich schon „pappsatt", wie ihr Vater immer mit einem verschmitzten Lächeln zu sagen pflegt. „Es tut mir leid, aber vor 23 Uhr werde ich hier wohl heute nicht rauskommen, also warte nicht auf mich", muss sie sich dann enttäuscht anhören.
„Tu ich aber", denkt sie sich, „schließlich bist du der Grund, warum ich hier in München bin. Jemand anderen kenne ich hier nicht!" „Schade, da kann man wohl nichts machen", sagt sie enttäuscht. Sie stellt das Essen in den Kühlschrank, schreibt Sven noch einen Zettel und begibt sich dann so langsam über den Umweg Badezimmer ins Bett.

In den folgenden zwei Tagen genießen Susanne und Sven bei herrlichem Wetter München und Umgebung. Besonders wohltuend sind für Susanne die sonnigen

Stunden am Starnberger See. Sie will unbedingt die Stelle sehen, wo König Ludwig II. den Tod fand, was Sven mit einer gelangweilten Miene erträgt. „Wollen wir nicht beim nächsten Mal zu Schloss Neuschwanstein fahren?", fragt sie voller Elan. „Wie weit ist das eigentlich von hier?" „Zu weit!", antwortet Sven genervt. Die nächste Überraschung kommt dann Sonntagabend, als Sven einen Anruf aus der Firma bekommt, dass er Montag dringend gebraucht werde. „War wohl nichts mit dem verlängerten Wochenende", denkt sich Susanne. „Na ja, werde ich mir morgen noch einen Shopping-Tag in München gönnen, und dann geht es Montagabend wieder zurück." Gesagt, getan.

Am Montagmorgen, als Svens Wecker klingelt, dreht sie sich noch einmal um und lässt es langsam angehen. Nach dem Frühstück schlendert sie von Geschäft zu Geschäft durch die Münchener Innenstadt. Als sie am „Stachus" vor dem Schaufenster von *The Warehouse*, einer großen Raumausstatterkette, stehen bleibt, kommt ihr wieder das Problem in den Kopf, das sie bis jetzt erfolgreich verdrängen konnte. Sie ist sich einfach unschlüssig, ob sie die Bürogestaltung den individuellen Sichtweisen der einzelnen Mitarbeiter überlassen kann. Um dort endlich zu einem Ergebnis zu kommen, fasst sie einen Plan: „Du setzt dich jetzt in dieses nette Café dort am Odeonsplatz, bestellst dir einen Kaffee und ein Croissant und stehst nicht eher auf, bis du eine Entscheidung getroffen hast". So wird es gemacht. Das Croissant schmeckt fantastisch und die Tasse Kaffee neigt sich dem Ende zu.

⊙ *Was meinen Sie? Wie sollte sich Susanne Lorenz im Fall der Büroraumgestaltung verhalten? Ist dies eine Entscheidung, die unsere Führungskraft alleine entscheiden sollte?* *Dann lesen Sie weiter bei H1 (Seite 107).*

⊙ *Oder sollten solche Neuerungen mit dem gesamten Team besprochen werden, sodass jeder seine Ideen und Vorschläge einbringen kann?* *Dann lesen Sie weiter bei H2 (Seite 115).*

H1 Susanne entscheidet alleine

Einen Schluck Kaffee später spürt Susanne ihre Ungeduld: „Mensch Susanne, jetzt beschäftigst du dich schon so lange mit solchen Kleinigkeiten. Bei der Gestaltung gibt es eh keine großen Alternativen, da das meiste von der Geschäftsleitung vorgeschrieben ist. Es geht also lediglich noch um die Auswahl der Pflanzen, die Anordnung des Mobiliars und die Sitzordnung im Großraumbüro. Du hast schon ganz andere Dinge selbst entschieden, da wirst du das doch wohl auch noch schaffen. Vielleicht wäre jede Diskussion müßig, zeitraubend und anstrengend."

Mit dieser Entscheidung macht sich Susanne dann auf in Richtung Flughafen und zurück nach Hause. Als sie ihren Platz im Flugzeug gefunden hat, beginnt sie dann ihren Plan genauer auszuarbeiten. „In der Wahl der Büromöbel gibt es keine großen Alternativen, da haben wir den Vertrag mit *Drehstuhl & Co.* Und außerdem werden doch wohl auch die vorhandenen Schreibtische, Schränke und Stühle vorerst weiter benutzt. Wegen der Pflanzen werde ich mir einfach mal ein paar Ideen von unserer Hausgärtnerei anhören, aber das ist jetzt auch noch nicht das Entscheidende. Priorität hat ganz klar die neue Anordnung der Arbeitsplätze." So macht sich Susanne ihre Gedanken und ist so vertieft, dass die Stewardess sie sogar dreimal fragen muss, ob sie etwas trinken möchte. „Tomatensaft, gerne!", antwortet sie etwas zu barsch und überlegt nebenbei: „Warum trinke ich eigentlich nur im Flugzeug Tomatensaft, sonst nie? Seltsam."

Zurück zur Bürogestaltung: Sie stellt sich zwei Szenarien vor und versucht, sich darüber klar zu werden, welches wohl das bessere ist. Zunächst einmal scheinen beide gewisse Vor- und Nachteile zu haben. Ihre erste Idee sieht folgendermaßen aus: Jeder Mitarbeiter bekommt seinen eigenen Arbeitsplatz, durch Trennwände von den Kollegen sichtbar abgetrennt. So wird die Ablenkung auf ein Minimum reduziert und die Arbeitsintensität gesteigert. Dies dürften wohl annähernd optimale Arbeitsbedingungen sein.

Als alternatives Szenario schwebt Susanne etwas anderes vor. Ihr ist bewusst geworden, dass innerhalb der Marketingabteilung in Sachen Teamwork ein deutlicher Nachholbedarf herrscht. Daher hält sie auch die Anordnung der Tische in einem offenen Gemeinschaftsbüro zu einem großen Gruppentisch für eine gute Möglichkeit. So könnten die Kommunikation, das Teamwork und somit vor allen Dingen das Arbeitsklima und die Atmosphäre verbessert werden. Auch ihr ist schließlich bekannt, dass ein Mitarbeiter am besten arbeitet, wenn er sich wohlfühlt. Allerdings macht sie sich Sorgen, da in solcher Umgebung die Ablenkung von der eigentlich zu verrichtenden Arbeit doch schon erheblich sein kann.

⊙ *Wie würden Sie entscheiden? Sollte Susanne Lorenz eine Entscheidung für den isolierten Einzelarbeitsplatz treffen oder die offene Gruppentischanordnung bevorzugen?*

Wenn Sie sich für Einzelarbeitsplätze entscheiden, lesen Sie weiter bei H1a (Seite 109).
Wenn Sie eher Gruppentische bevorzugen, lesen Sie weiter bei H1b (Seite 113).

H1a Die Einzeltische

Als Susanne ihren Koffer vom Band nimmt, ist die Entscheidung gefallen. Der Schreibtisch eines jeden Mitarbeiters wird separat mit Trennwänden von denen der Kollegen abgetrennt. Einzig die Frage, wer welchen Platz bekommt, wird sie noch zu entscheiden haben. Obwohl sie sich da durchaus vorstellen kann, dass sie diese Wahl den Mitarbeitern überlässt.

Zu Hause angekommen, lässt sie sich auf ihr Sofa fallen, schaltet noch einmal den Fernseher an und wählt Svens Nummer in München. Der ist aber natürlich nicht in seiner Wohnung, sondern wahrscheinlich noch im Büro. Also hinterlässt sie ihm auf dem Anrufbeantworter die Nachricht, dass sie gut angekommen ist. Nach einem Glas Wasser und einem kleinen Abendhappen geht dann Susannes freier Montag zu Ende. Ganz anders hatte sie sich den eigentlich vorgestellt, und sie geht ein wenig enttäuscht darüber ins Bett. Mit Svens Rückruf heute Abend rechnet sie nicht mehr.

Morgens im Büro erledigt sie nach und nach alles, was sie sich vorgenommen hat. Nachdem sie sich zusammen mit den Mitarbeitern von der Hausgärtnerei für ein Programm entschieden und auch noch einmal mit Sven telefonisch über das etwas unglücklich verlaufene Wochenende gesprochen hat, sucht sie die „Jungs" der Renovierungskolonne auf. Die haben über das Wochenende die Arbeiten im Marketingbüro weitestgehend abgeschlossen und sich den noch zu erledigenden Rest für heute Nachmittag vorgenommen. Die Kollegen aus Susannes Abteilung werden nämlich heute aufgrund dieser Arbeiten alle etwas früher Feierabend machen. Susanne weist die Arbeiter in ihre Gestaltungspläne ein und bittet sie, dementsprechend die Tische nach Beendigung ihrer Arbeit anzuordnen.

Bei den Kollegen ist die Überraschung dementsprechend groß, als sie am nächsten Morgen in dem völlig neu eingerichteten Büro stehen und erst einmal ihre Schreibtische suchen müssen. Susanne versammelt alle kurz um den in einer hinteren Ecke eingerichteten „runden Tisch", der auch in Zukunft immer öfter als Treff- und Gesprächspunkt dienen soll. Kurz erklärt sie, dass sie sich diese Gestaltung so überlegt hatte und so jeden Einzelnen darin unterstützen will, sich optimal auf die Arbeit zu konzentrieren und so besser und schneller zu arbeiten. Auf Stefan Kaisers Frage, wer denn jetzt an welchem Schreibtisch sitzen werde, entgegnet Susanne nur, dass lediglich feststehe, welches ihr Arbeitsplatz ist, über die sonstige Sitzordnung könnten sie sich untereinander einigen. Natürlich bleibe auch die individuelle Gestaltung des eigenen Arbeitsplatzes innerhalb der Trennwände jedem selbst überlassen.

Ronny Zielinski, Sabine Hollerbach und Stefan Kaiser schauen sich daraufhin irritiert an. Sie scheinen nicht glücklich mit den Neuerungen zu sein. Lediglich Sophie Müller scheint sich nicht wirklich über die Veränderung zu ärgern. Mit den Worten „Ich denke, hier vorne an der Tür ist dann wohl mein Arbeitsplatz, damit ich Besucher empfangen kann", schreitet sie zu dem Schreibtisch und beginnt ihn einzurichten. Die anderen quittieren durch ein kurzes Kopfnicken ihre Zustimmung. Die drei Zurückgelassenen schauen sich immer noch etwas ungläubig an und einigen sich dann auf eine Sitzordnung. Sabine Hollerbach kann das Ganze einfach nicht wirklich begreifen. Jedes Mal, wenn sie an ihren Schreibtisch kommt, kann sie sich ein verstohlenes Lächeln nicht verkneifen, denn sie findet die ganze Angelegenheit äußerst lächerlich. „Ich komme mir vor wie ein Tier in einem Käfig, das einzeln gehalten werden muss, damit es nicht über die Artgenossen herfällt", raunt sie den anderen zu. Mit Ronny Zielinski hat sie sich auch schon darüber unterhalten, und der sieht die ganze Sache genauso. Soll die Kommunikation unter den Kollegen nunmehr via E-Mail und Telefon stattfinden? Sabine und Ronny kommen sich vor wie kleine Schulkinder, die sich Zettel und Briefe schreiben, weil sie nicht miteinander quatschen sollen.

Stefan Kaiser hat eigentlich nichts gegen Einzeltische, findet aber die Tatsache, dass diese Entscheidung einfach so über die Köpfe der Mitarbeiter hinweg entschieden wurde, besonders unpassend. Er fühlt sich dabei übergangen und erkennt nach Rücksprache mit seinen Kolleginnen, dass auch diese darin die eigentlich größere Enttäuschung sehen. Sophie Müller hätte bei der Umgestaltung auch gerne etwas mitgearbeitet, schließlich schmökert sie doch so gerne Möbelkataloge, dekoriert und gestaltet ihre Wohnung ständig neu. Da hätte sie ihre Erfahrung schon ganz gerne eingebracht. Und die berühmte Gruppendynamik sorgt an diesem Tag für richtig schlechte Stimmung im Team.

Susanne Lorenz bleibt diese Entwicklung nicht verborgen. Es lag natürlich nie in ihrer Absicht, auch nur annähernd eine solche Stimmung zu erzeugen. Um ihren Fehler wieder gutzumachen, möchte sie am nächsten Morgen mit allen Kollegen zusammen über die Situation sprechen und Ideen sammeln, wie das Büro zukünftig aussehen soll. „Es war wohl doch keine so gute Idee, über die Köpfe des

Teams hinweg zu entscheiden“, denkt sie sich und beschließt, das ganze Thema Bürogestaltung noch einmal neu aufzurollen.

⊙ *Lesen Sie nun weiter mit H3 (Seite 117).*

H1b Der Gruppentisch

Als Susanne ihren Koffer vom Band nimmt, ist die Entscheidung gefallen. Das Marketingbüro soll zukünftig als ein offenes Gemeinschaftsbüro erlebt werden. Die Schreibtische werden zu einem großen Gruppentisch zusammengerückt, um so die Gemeinschaft zu stärken und das Arbeitsklima zu verbessern. Alle arbeiten zusammen an einem großen Gemeinschaftstisch.

Zu Hause angekommen, lässt sie sich auf ihr Sofa fallen, schaltet noch einmal den Fernseher an und wählt Svens Nummer in München. Der ist aber natürlich nicht in seiner Wohnung, sondern wahrscheinlich noch im Büro. Also hinterlässt sie ihm auf dem Anrufbeantworter die Nachricht, dass sie gut angekommen ist. Nach einem Glas Wein und einem kleinen Abendhappen geht dann Susannes freier Montag zu Ende. Ganz anders hatte sie sich den eigentlich vorgestellt, und sie geht ein wenig enttäuscht darüber ins Bett. Mit Svens Rückruf heute Abend rechnet sie nicht mehr.

Morgens im Büro erledigt sie nach und nach alles, was sie sich vorgenommen hat. Nachdem sie sich zusammen mit den Mitarbeitern von der Hausgärtnerei für ein Programm entschieden und auch noch einmal mit Sven telefonisch über das etwas unglücklich verlaufene Wochenende gesprochen hat, sucht sie die „Jungs" der Renovierungskolonne auf. Die haben über das Wochenende die Arbeiten im Marketingbüro weitestgehend abgeschlossen und sich den noch zu erledigenden Rest für heute Nachmittag vorgenommen. Die Kollegen aus Susannes Abteilung werden nämlich heute aufgrund dieser Arbeiten alle etwas früher Feierabend machen. Susanne weist die Arbeiter in ihre Gestaltungspläne ein und bittet sie, dementsprechend die Tische nach Beendigung ihrer Arbeit anzuordnen.

Bei den Kollegen ist die Überraschung groß, als sie am nächsten Morgen in dem völlig neu eingerichteten Büro stehen. Susanne sitzt schon an ihrem Schreibtisch, vertieft in ihre Arbeit. Ronny Zielinski kommt wie jeden Morgen als Letzter. Als auch er schließlich da ist, teilt Susanne kurz mit, dass zukünftig der Arbeitsalltag in der Marketingabteilung als absolutes Teamwork verstanden werden soll und in diesem offenen Büro stattfinden wird. Dabei soll die Zusammenarbeit untereinander absolut im Vordergrund stehen. Auch hin und wieder mal ein offenes Ohr für die privaten Angelegenheiten der Kollegen zu haben sei dabei von größter Bedeutung, sagt Susanne in ihrer kurzen Ansprache.

Sophie Müller gefällt die Situation, mit allen an einem Tisch zusammenzusitzen. Zunächst einmal scheint die neue Situation alle zu begeistern. Ronny Zielinski und Sabine Hollerbach kommen aus dem Erzählen gar nicht mehr heraus. Stefan Kaiser fühlt sich hingegen in seiner Konzentration schon arg gestört und glaubt, dass die Qualität seiner Arbeiten darunter schon erheblich leidet. Außerdem stört ihn, dass die Kollegen wirklich jedes Wort, das am Telefon gesagt wird, mitbekommen. Hat er doch gerade letzte Woche Sarah kennengelernt, die er auch gerne mal tagsüber anrufen möchte, da er an nichts anderes mehr denken kann. Aber jedes Mal dafür das Büro zu verlassen, um sich dann mit dem Handy ein ruhiges Plätzchen zu suchen, kann seiner Meinung nach auch nicht die Lösung sein.

Nach der anfänglichen Euphorie von Sabine Hollerbach und Ronny Zielinski schleicht sich bei Sabine nach einigen Tagen auch ein wenig Enttäuschung ein. Sie fragt sich des Öfteren, warum Susanne Lorenz nicht einmal mit ihr und den anderen Kollegen über die Neugestaltung gesprochen hat. Sie fühlt sich einfach übergangen, und darum ist sie auch ein wenig enttäuscht. Sie nimmt sich vor, in den nächsten Tagen das Gespräch mit Susanne Lorenz zu suchen.

Dieser bleiben die neu entstandenen Probleme natürlich nicht verborgen. Zusätzlich muss sie nach einigen Wochen feststellen, dass neben der Qualität der Arbeit vor allen Dingen die Quantität der gesamten Abteilung sehr zu wünschen lässt. Sie sieht dringenden Handlungsbedarf und kommt Sabine Hollerbach zuvor. Sie möchte am nächsten Morgen mit allen Kollegen zusammen über die Situation sprechen und Ideen sammeln, wie das Büro zukünftig aussehen soll. „Es war wohl doch keine so gute Idee, über die Köpfe des Teams hinweg zu entscheiden“, denkt sie sich und beschließt, das ganze Thema Bürogestaltung noch einmal neu aufzurollen.

Für das Meeting am nächsten Morgen macht sie sich kurz noch einmal ein paar Notizen.

⊙ *Lesen Sie nun weiter mit H3 (Seite 117).*

H2 Die Lösung im Team

Einen Schluck Kaffee später spürt Susanne ihre Ungeduld: „Mensch, jetzt beschäftigst du dich schon so lange mit solchen Kleinigkeiten. Das ist doch eigentlich eine Entscheidung, die das ganze Team betrifft. Das entscheiden wir gemeinsam!"

Mit diesem Vorsatz macht sich Susanne dann auf in Richtung Flughafen und zurück nach Hause. Dort angekommen, lässt sie sich auf ihr Sofa fallen, schaltet noch einmal den Fernseher an und wählt Svens Nummer in München. Der ist aber natürlich nicht in seiner Wohnung, sondern wahrscheinlich noch im Büro. Also hinterlässt sie ihm auf dem Anrufbeantworter die Nachricht, dass sie gut angekommen ist. Nach einem Glas Wein und einem kleinen Abendhappen geht dann Susannes freier Montag zu Ende. Ganz anders hatte sie sich den eigentlich vorgestellt, und sie geht ein wenig enttäuscht darüber ins Bett. Mit Svens Rückruf heute Abend rechnet sie nicht mehr.

Morgens im Büro widmet sie sich dann zunächst einmal der an ihrem freien Tag liegen gebliebenen Arbeit. Viel ist das allerdings nicht, denn sie hatte ja in der Woche vorher fleißig vorgearbeitet. Ein kurzes Gespräch mit Sven, den sie zwischen zwei Meetings erwischt, trägt jedoch nicht wirklich zu besserer Stimmung bei, denn er hat nicht wirklich Zeit, noch einmal über das Wochenende, geschweige denn Susannes Probleme zu sprechen. Kurz darauf ruft sie dann alle Kollegen zu einer „Kaffeerunde" zusammen.

⊙ *Lesen Sie nun weiter auf der folgenden Seite.*

H3 Die Bürolösung

Als alle schon versammelt sind, kommt Stefan Kaiser zwei Minuten zu spät. Etwas außer Atem, entschuldigt er sich. Er habe doch nur noch schnell in der Kantine ein Brötchen holen wollen und ist dann von seinem ehemaligen Vorgesetzten, bei dem er seine Diplomarbeit geschrieben habe, aufgehalten worden. Susanne quittiert das Ganze mit einem Lächeln, denn sie weiß, dass Stefan Kaiser wohl derjenige Mitarbeiter ist, der sich eigentlich nie etwas zuschulden kommen lässt. So sitzen dann also alle zusammen, und Susanne Lorenz ergreift das Wort.

„So, ich hab mir Folgendes überlegt. Wir sollten alle zusammen ein paar Überlegungen anstellen, wie unser Büro aussehen soll. Ich dachte da besonders an Sie, Sophie, dass Sie sich vielleicht auch ein paar Angebote von unseren Gärtnern und Floristen holen und die Umgestaltung aus dekorativer Sicht mal ein bisschen in die Hand nehmen." Sophie Müller beschäftigt sich in ihrer Freizeit gerne mit Möbeln und Innenausstattung. „Machen Sie sich bitte alle mal ein paar Gedanken, und morgen treffen wir uns dann wieder hier, 10 Uhr würde ich sagen." „Für alle!" das schiebt sie noch mit einem festen, aber doch freundlichen, ja fast schon lächelnden Blick, in Richtung Stefan Kaiser nach. Der quittiert das Ganze mit einem sich schuldig bekennenden Nicken und kann auch ein kleines Grinsen nicht verbergen.

Begeistert über diese Ansage machen sich die Kollegen ans Werk. Sophie Müller stürzt sich sofort in die Kataloge und ist glücklich, dass sie endlich auch einmal ganz offiziell während der Arbeitszeit Kataloge lesen darf. Sie telefoniert mit diversen Floristen, denen sie ihre schon ziemlich konkreten Vorstellungen vorträgt, spricht mit Kollegen aus anderen Abteilungen, um sich deren Erfahrungen einzuholen. Zunächst beobachtet Susanne Lorenz das Ganze mit Freude, denn sie sieht, wie Sophie Müller sich endlich auch einmal richtig in das Team der Marketingabteilung einbringt. Jedoch bemerkt sie auch schnell, dass Sophie dabei ihre eigentliche Arbeit schon etwas vernachlässigt. Kurzzeitig überlegt sie, ob sie da korrigierend eingreifen muss, entscheidet sich aber dann dagegen. Als Sophie Müller dann sogar zwei Überstunden macht, um die anderen Aufgaben auch noch zu erledigen, fühlt sie sich in ihrer Einschätzung bestätigt. Auf dem Weg zur Kaffeemaschine kommt Susanne Lorenz an Sophies Schreibtisch vorbei und bleibt kurz stehen: „Nicht dass Sie bei so viel Arbeit noch Ihre Tochter im Kindergarten vergessen.“ Erschrocken schaut Sophie auf: „Oje, das hab ich jetzt tatsächlich. Gott sei Dank ist die Betreuung dort bis 17 Uhr.“ Sie räumt schnell ihren Arbeitsplatz auf und stürmt hektisch nach Hause.

Ronny Zielinski und Stefan Kaiser treffen sich ebenfalls bei einer Kaffeepause und es entsteht sofort eine kleine Diskussion zwischen den beiden über den neuen Standort der Kaffeemaschine. Susanne Lorenz freut sich auch über dieses Bild, denn so findet endlich wieder mehr Kommunikation unter den Kollegen statt. Sie versucht bewusst, nicht alles mitzubekommen, da sie sich am nächsten Morgen von den Vorschlägen der Mitarbeiter überraschen lassen möchte. In ihr breitet sich schon eine gewisse freudige Spannung aus. Als Susanne an diesem Abend ihre Schreibtischlampe ausknipst und das Büro verlässt, sind die anderen drei immer noch in kleine Gedankenspiele und Diskussionen vertieft. Susanne ist froh, die Entscheidung letztendlich doch in die Hände des Teams gelegt zu haben.

Der nächste Morgen verläuft zu Susannes vollständiger Zufriedenheit. Sophie Müller kommt direkt zu ihr und gibt Entwarnung bezüglich ihrer Tochter Stella. Die fand es richtig gut, dass sie noch etwas länger mit ihren Freunden spielen konnte. Als Susanne Lorenz sich kurz vor 10 Uhr in Richtung Meeting aufmacht, wundert es sie nicht, dass Stefan Kaiser schon perfekt vorbereitet an seinem Platz sitzt. Ihn hatte es schon sehr gewurmt, dass er beim letzten Treffen als Einziger zu spät gekommen war.

Als dann schließlich alle versammelt sind, ergreift Ronny Zielinski das Wort: „Wir haben uns also gestern alle zusammengesetzt und Vorschläge diskutiert und uns schließlich schon auf einen geeinigt, von dem wir hoffen, dass er jetzt auch Ihren Segen erhält.“ Susanne ist ein wenig überrascht, dass ausgerechnet Ronny die Botschaft überbringt, allerdings auch erfreut, dass diese Aufgabe so viele Veränderungen in das Team gebracht hat. Ronny Zielinski führt die Überlegungen des Teams weiter aus. Man hat sich dort auf ein offenes Büro ohne irgendwelche Abtrennungen geeinigt. Die Schreibtische sollen allerdings mit einigem Abstand zum nächsten angeordnet werden, um nicht bei jedem Telefonat des Kollegen in der eigenen Konzentration gestört zu werden. Der Schreibtisch von Sophie Müller soll so platziert werden, dass sie Gäste und Kollegen sofort in Empfang nehmen kann. Susanne Lorenz hört sich den Vorschlag des Teams konzentriert an.

Nachdem Ronny Zielinski endet, übergibt er das Wort an Sophie Müller, die dann abschließend noch einige dekorative Neuerungen vorstellt. Das gesamte Paket und auch die Vorstellung durch das Team begeistern Susanne so sehr, dass sie alles ohne Abstriche akzeptiert und gut findet. Sie entlässt die Kollegen aus der Runde und übergibt an Sabine Hollerbach den Auftrag, alles Weitere mit den Arbeitern der Renovierungsfirma abzusprechen. Äußerst zufrieden gehen alle wieder an ihre Arbeit. Auf dem Weg zu ihren Schreibtischen bittet Stefan Kaiser Susanne Lorenz um ein kurzes Gespräch. „Ich habe da noch ein kleines Anliegen, das ich mit Ihnen besprechen möchte." Sie bietet ihm an, heute Nachmittag, sofort nach der Mittagspause, bei ihr vorbeizuschauen.

⊙ *Lesen Sie abschließend in der folgenden* ***Lernbox „Das Führungskontinuum von Tannenbaum/Schmidt"*** *nach, welche Optionen eine Führungskraft grundsätzlich hat, wenn Entscheidungen im Team anstehen.*

Lernbox

Das Führungskontinuum nach Tannenbaum/Schmidt

„Hallo Susanne, kennst du uns noch? Robert Tannenbaum und W.H. Schmidt! Die Namen sollten dir irgendwie bekannt vorkommen, Susanne... Kleiner Tipp: Unser Führungskontinuum zählt zu den klassischen theoretischen Modellen der Mitarbeiterführung. Es geht dabei vor allem darum aufzuzeigen, welche Optionen eine Führungskraft hat, wenn Entscheidungen anstehen. Na, erinnerst du dich langsam wieder? Nein? Na gut, dann helfen wir dir auf die Sprünge...

Für das Verständnis unseres Führungsmodells ist es zunächst wichtig, den Führungsstil vom Führungsverhalten abzugrenzen. Während Führungsverhalten das aktuelle Verhalten einer Führungskraft in einer konkreten Situation ist, versteht man unter einem Führungsstil ein dauerhaftes und konsequentes Führungsverhalten gegenüber Mitarbeitern.

Wir stellen in einem Kontinuum sieben Führungsstile vor, die nach dem Entscheidungsspielraum des Vorgesetzten und dem der Gruppe gestaffelt sind. Die Spanne reicht hier von einem extrem autoritären bis hin zu einem extrem demokratisch geprägten kooperativen Führungsstil. Diese zwei Pole haben wir in Anlehnung an Kurt Lewin als Ansatzpunkt übernommen. Falls du nicht mehr genau weißt, wie diese Studie aufgebaut ist, dann lies sie dir noch einmal durch.

Entscheidungsspielraum des Vorgesetzten → Entscheidungsspielraum der Mitarbeiter/innen

1	2	3	4	5	6	7
Vorgesetzter entscheidet und ordnet an	Vorgesetzter entscheidet: Er ist aber bestrebt, die Mitarbeiter von seinen Entscheidungen zu überzeugen, bevor er sie anordnet	Vorgesetzter entscheidet: Er gestattet jedoch Fragen zu seinen Entscheidungen, um dadurch die Akzeptanz der Mitarbeiter zu erreichen	Vorgesetzter informiert seine Mitarbeiter über seine beabsichtigten Entscheidungen: Die Untergebenen haben die Möglichkeit, ihre Meinung zu äußern, bevor der Vorgesetzte die engültige Entscheidung trifft	Die Gruppe entwickelt Vorschläge: Aus der Zahl der gemeinsam gefundenen und akzeptierten möglichen Problemlösungen entscheidet sich der Vorgesetzte für die von ihm favorisierte Lösung	Die Gruppe entscheidet, nachdem der Vorgesetzte zuvor das Problem aufgezeigt und die Grenzen des Entscheidungsspielraums festgelegt hat	Die Gruppe entscheidet: Der Vorgesetzte fungiert als Koordinator nach innen und außen
„autoritär"	„patriachalisch"	„informierend"	„beratend"	„kooperativ"	„delegativ"	„demokratisch"

Verfolgt die Führungskraft einen autoritären Stil, so ist dieser dadurch gekennzeichnet, dass den Mitarbeitern Aufgaben direkt zugewiesen werden und auch die Art und Weise der Bearbeitung ganz klar vorgeschrieben wird. Die Führungskraft wahrt stets eine soziale Distanz, meidet Gruppen-Aktivitäten und verweigert jede Form von persönlicher Wertschätzung gegenüber dem Mitarbeiter.

Im demokratischen Führungsstil ist die Führungskraft darauf bedacht, Ziele und Aufgaben durch Diskussion innerhalb der Gruppe zu thematisieren. Sie überlässt die Verteilung der Aufgaben und Gestaltung der Arbeitsplätze der Gruppe selbst. Als aktives Gruppenmitglied nimmt die Führungskraft am Gruppenleben teil und lässt den Mitarbeitern eine hohe persönliche Wertschätzung zuteil werden.

Steht die Führungskraft vor der Entscheidung, welcher Führungsstil am besten geeignet ist, so gibt es drei Faktoren, die hier zu beachten sind. Man bezeichnet diese als Determinanten eines situationsgerechten Führungsstils:

Charakteristika des Vorgesetzten

Darunter sind das Wissen, Können, der Erfahrungshorizont und das Wertesystem der Führungskraft zu verstehen. Hinzu kommen das Vertrauen der Führungskraft in die Mitarbeiter, die Führungsqualitäten und das Sicherheitsempfinden des Vorgesetzten in der konkreten Situation der Entscheidung.

Charakteristika der Mitarbeiter

Da es sich bei der Wahl des Führungsstils ja auch um die Wahl des Entscheidungsspielraums der Mitarbeiter handelt, sollte die Führungskraft die fachliche Kompetenz und das Engagement der einzelnen Mitarbeiter für die aktuelle Aufgabe analysieren und bei der Entscheidung berücksichtigen. Zusätzlich sind dann auch die Entscheidungsbereitschaft der Mitarbeiter und ihre Motivation zur beruflichen und persönlichen Entwicklung wichtige Faktoren.

Charakteristika der Situation

Neben den konkret in die Situation eingebundenen Personen (Vorgesetzter, Mitarbeiter) sind äußere Begebenheiten zu nennen, die Einfluss auf den Führungsstil nehmen. So z. B. die Art der Organisation, in die diese Personengruppe eingebunden ist, die Art der zu behandelnden Problemstellung und die dafür zur Verfügung stehende Zeit.

Verschieben sich jetzt innerhalb eines dieser Charakteristika einzelne Faktoren, kann dies sofort Auswirkungen auf die Wahl des Führungsstils haben. Es wird also schnell deutlich, dass es nicht einen richtigen Führungsstil für alle Situationen geben kann. Die gute Führungskraft ist also stets in der Lage, die konkret vorliegenden Begebenheiten genau zu erfassen und seinen Führungsstil dementsprechend anzupassen.

Wir sind der Meinung, dass ein autoritär geprägter Führungsstil dann vonnöten ist, wenn die Mitarbeiter der Arbeitsgruppe die zur Lösung der Problemstellung erforderlichen Eigenschaften nicht mitbringen. Wird die Führungskraft von den Mitarbeitern geschätzt und geachtet, muss sie dann auch keinen Imageschaden fürchten. Hört sich alles sehr theoretisch an, macht aber Sinn. Denk mal drüber nach!“

I Die Fortbildung

Stefan Kaiser sucht das Gespräch mit seiner Vorgesetzten und wirkt dabei nicht so entschlossen, wie man ihn sonst kennt. Wie abgesprochen steht er nach der Mittagspause pünktlich an Susannes Schreibtisch. „Wie kann ich Ihnen helfen?“, eröffnet Susanne das Gespräch. Stefan Kaiser scheint etwas nervös zu sein: „Ich würde gerne nächsten Monat die Fortbildung für *Merlin 4.0* mitmachen und bräuchte dafür allerdings Ihre Zustimmung.“

Merlin 4.0 ist ein Grafikprogramm, das in näherer Zukunft wahrscheinlich das weltweit führende Programm seiner Art sein wird. Die Firmenleitung der *KESS BauMa GmbH* hat vorgegeben, dass bis zum Ende des nächsten Jahres aus jeder Marketingabteilung mindestens ein Mitarbeiter diesen Lehrgang besucht haben sollte. Allerdings nimmt diese Fortbildung auch einen nicht unerheblichen Teil des Personalentwicklungsbudgets ein. Stefan Kaiser ist jetzt nicht einmal zwei Jahre im Unternehmen, kommt also relativ frisch von der Universität, und so fehlt es ihm eigentlich mehr an Praxiserfahrung als an theoretischem Wissen. Da die Fortbildung einen Zeitraum von zwei Wochen in Anspruch nimmt, müsste in dieser Zeit seine Arbeit auf die anderen Kollegen verteilt werden. Alle diese Dinge wägt Susanne Lorenz jetzt ab. „Passen Sie auf, ich mach mir da mal meine Gedanken und gebe Ihnen morgen Bescheid“, gibt sie Stefan Kaiser mit auf den Weg. Stefan zieht mit einem leichten Grübeln in den Augen, aber widerspruchslos von dannen und widmet sich wieder seiner Arbeit.

Was meinen Sie? Wie sollte Susanne Lorenz entscheiden? Sollte sie Stefan Kaiser die Möglichkeit bieten, den Lehrgang für das neue Grafikprogramm zu besuchen, oder sollte sie es ihm verwehren, weil es in der momentanen Situation wichtiger ist, erst einmal praktische Erfahrungen zu erlangen?

⊙ *Sie sind der Meinung, Susanne sollte die Fortbildung bewilligen? Dann weiter bei I1 (Seite 125).*

⊙ *Sie sind der Meinung, Susanne sollte die Fortbildung nicht bewilligen und erst einmal abwarten? Dann weiter bei I2 (Seite 129).*

11 Die Fortbildung wird bewilligt

Im neu gestalteten Büro geht am nächsten Tag zunächst einmal jeder in gewohnter Form seiner Arbeit nach. Susanne Lorenz hat über den Wunsch von Stefan Kaiser nachgedacht und bittet ihn jetzt zu sich. Die Vorgesetzte holt noch zwei Tassen Kaffee und teilt Stefan Kaiser dann mit, dass sie nach reiflicher Überlegung zu dem Ergebnis gekommen ist, dass er an dieser Fortbildung teilnehmen soll. Sie ist aus verschiedenen Gründen zu dieser Überzeugung gelangt. Da ja schließlich in nächster Zukunft ohnehin ein Mitarbeiter diese Fortbildung besuchen muss und Stefan Kaiser sich dafür auch noch freiwillig gemeldet hat, scheint er der geeignete Kandidat zu sein. So hat sich Susanne um eine Bewilligung der Fortbildung bei Hoffmann bemüht, obwohl das Weiterbildungsbudget für dieses Jahr schon ziemlich ausgeschöpft war.

„Das ist ja toll." Stefan Kaiser ist hocherfreut über diese Entscheidung seiner Chefin. Er beginnt sofort, alles Weitere zu planen, und kann den Beginn der Fortbildung in zwei Wochen kaum erwarten. Ein, zwei Tage später erzählt er den Kollegen in der Kantine, dass er an der *Merlin-4.0*-Woche in Köln teilnimmt. Seine überschwängliche Freude darüber können die Kollegen nicht so recht teilen. „Na super, und wer macht in der Zeit deine Arbeit? Das bleibt dann wohl wieder mal an uns hängen!", denkt sich Ronny Zielinski. Sabine Hollerbach ist noch etwas „geknickter", lässt sich aber nichts anmerken, bis es aus Sophie Müller herausplatzt: „Hey, Sabine, wolltest du nicht eigentlich auch da hin?" Es ist offensichtlich, wie unangenehm es Sabine ist, dass es jetzt so direkt zur Sprache kommt, aber sie versucht, Haltung zu bewahren. „Ja, eigentlich schon, aber ich glaube, das klappte bei mir terminlich nicht", findet sie eine Ausrede, die die Eskalation der Situation verhindert. Sehr gerne hätte auch sie an dieser Fortbildung teilgenommen, und darüber hatte sie auch schon sehr früh mit Susanne Lorenz gesprochen, die hatte aber damals sofort abgelehnt, da sie der Meinung war, Sabine Hollerbach in dieser Zeit nicht ersetzen zu können.

Für die 45-Jährige Psychologin ist das schon ein kleiner „Schlag ins Gesicht". Sie ist sichtlich unzufrieden und hat zunächst einmal auf alles Lust, aber nicht auf die Arbeit, die an ihrem Schreibtisch auf sie wartet. Sie nimmt sich den Rest des Tages frei und feiert einige angehäufte Überstunden ab. Den Kollegen ist diese Situation etwas unangenehm, und es herrscht bedrückte Stimmung. Susanne Lorenz ist die Einzige, die bei der Mittagsrunde nicht anwesend war, und bemerkt die angespannte Situation zunächst nicht. Auch der frühe Feierabend von Sabine Hollerbach lässt sie nicht stutzig werden.

Sichtlich demotiviert begeht Sabine Hollerbach den Arbeitsalltag in der nächsten Woche. Als es dann für Stefan Kaiser endlich losgeht, sind auch die Kollegen so richtig gefordert. Da Sophie Müller nicht wirklich viel von der Arbeit übernehmen kann, die sonst auf Stefans Schreibtisch landet, sind gerade Ronny und Sabine enorm belastet. Zurzeit ist es Stefans Aufgabe, eine von einem unabhängigen Institut durchgeführte Telefonumfrage unter 500 ostdeutschen Haushalten zu analysieren und mögliche Maßnahmen für die *KESS BauMa GmbH* zu überdenken. Da die Ergebnisse hierzu in naher Zukunft benötigt werden, kann diese Arbeit nicht liegen bleiben. Es ist nur allzu verständlich, dass Ronny Zielinski und Sabine Hollerbach nicht gerade begeistert sind über den zusätzlichen Arbeitsaufwand.

Kurz vor Stefan Kaisers Rückkehr ringt sich Sabine Hollerbach dann doch dazu durch, mit ihrer Vorgesetzten das Gespräch zu suchen. Sie spricht sie auf das gemeinsame Gespräch vor einigen Monaten an, in dem Susanne Lorenz ihr die Fortbildung für *Merlin 4.0* verweigerte. Für einen kurzen Moment ist Susanne sichtlich konsterniert, doch dann fällt es ihr wieder ein: „Sie haben völlig recht, Sabine. Wir hatten damals allerdings auch noch eine etwas angespanntere Situation. Damals war ja auch einiges hier im Unklaren. Als Stefan dann letzte Woche zu mir kam und diese Fortbildung machen wollte, muss ich gestehen, dass ich da einfach nicht mehr daran gedacht habe, dass Sie das auch machen wollten. Es tut mir leid." Susanne ist sichtlich irritiert und bemüht sich, die Situation zu retten. „Ich kann Ihnen jetzt höchstens anbieten, dass ich versuche, im nächsten Jahr etwas im Seminarbudget für Ihre Teilnahme beiseite zu legen. Oder vielleicht finden wir ja auch noch eine andere für Sie interessante Weiterbildung. Ich kann mich nur noch mal dafür entschuldigen, dass ich nicht mehr an die von Ihnen vorgetragene Bitte gedacht habe." Susanne macht sich demonstrativ eine Notiz in ihrem Timer, um damit zu zeigen, wie wichtig ihr ist, dass so etwas nicht wieder passiert.

Natürlich nicht ganz glücklich über Susannes Äußerungen, ist Sabine aber doch positiv von der Ehrlichkeit ihrer Vorgesetzten überrascht. Da sie Susanne bisher immer als ehrliche Person kennengelernt hat, vertraut sie auf ihre Worte und hofft, vielleicht im nächsten Jahr die Fortbildung nachholen zu können. Sie ist auch froh darüber, dass sie sich doch noch dazu durchgerungen hat, das Gespräch überhaupt zu suchen.

Die letzten Tage ohne Stefan Kaiser verlaufen ohne weitere Zwischenfälle, und auch Sabine Hollerbach geht die Arbeit nach ihrer Aussprache viel leichter von der Hand. Stefan Kaiser kommt in der nächsten Woche dann begeistert von der Fortbildung zurück. Er fügt sich nahtlos wieder in das Team ein, und der ganz normale Arbeitsalltag findet seine Fortsetzung. Susanne ist erleichtert und bittet Kaiser noch am gleichen Tag, eine kleine Präsentation über *Merlin 4.0* für das nächste Teammeeting vorzubereiten, damit alle im Team etwas von dieser Fortbildung haben. „Ich hätte es ihm nur vorher schon sagen sollen, dass alle, die eine Weiterbildung machen, dies in einer kurzen Zusammenfassung an die anderen weitergeben sollen." Das hat Susanne in einem Buch über Personalentwicklung gelesen. Denn auf diese Art steigt die Lernmotivation und Aufmerksamkeit, und zugleich kann die Präsentationskompetenz trainiert werden.

⊙ *Lesen Sie doch auf der folgenden Seite weiter, was passiert wäre, wenn Susanne Lorenz die Fortbildung nicht bewilligt hätte. Sonst weiter auf Seite 131.*

12 Die Fortbildung wird nicht bewilligt

Im neu gestalteten Büro geht am nächsten Tag zunächst einmal jeder in gewohnter Form seiner Arbeit nach. Susanne Lorenz hat über den Wunsch von Stefan Kaiser nachgedacht und bittet ihn jetzt zu sich. Die Vorgesetzte holt noch zwei Tassen Kaffee und teilt Stefan Kaiser dann mit, dass sie nach reiflicher Überlegung zu dem Ergebnis gekommen ist, dass sie es ihm nicht gestatten kann, an der Fortbildung teilzunehmen. „Unsere Personalsituation lässt momentan nicht zu, dass ich auf Sie verzichten könnte. Hinzu kommt, dass unser Weiterbildungsbudget für dieses Jahr so gut wie ausgeschöpft ist", sagt sie. Obwohl Susanne weiß, dass mittelfristig mindestens einer aus der Abteilung diese Weiterbildung besuchen muss, schiebt sie das Anliegen des Mitarbeiters etwas unwirsch zur Seite.

Sichtlich enttäuscht kehrt Stefan Kaiser an seinen Arbeitsplatz zurück. Er kann es einfach nicht richtig nachvollziehen, warum der Wunsch eines Mitarbeiters, sich weiterzubilden und damit doch auch die Abteilung zu stärken, abgelehnt werden kann. Widerwillig erledigt er in den nächsten Tagen seine Arbeit.

Ronny Zielinski bemerkt, dass sein Kollege schlecht gelaunt ist, und spricht ihn in der Mittagspause, bei „Züricher Geschnetzeltem", darauf an: „Was ist denn los mit dir? Du warst gestern schon so komisch drauf. Ist was passiert? Unglücklich verliebt oder so?" „Ach Quatsch, ich hatte nur gestern ein Gespräch mit der Chefin, und das verlief ein wenig anders, als ich mir das vorgestellt hatte", ist die kurze Antwort. „Ich will ja nicht neugierig sein, aber worum ging's denn?", hakt Ronny nach. „Ich wollte wissen, ob ich auf die *Merlin-4.0*-Fortbildung nächste Woche in Köln darf. ‚Madame Lorenz' meint jedoch, sie könne nicht so lange auf meine Arbeitskraft verzichten und wir hätten kein Budget dafür", fasst Stefan Kaiser das gestrige Gespräch zusammen. „Okay, das ist natürlich ärgerlich, aber die Chefin wird dafür ihre Gründe haben. Wie wär's denn, wenn du versuchst, das Positive zu sehen? Sie kann nicht auf dich verzichten – das klingt doch gar nicht schlecht", versucht Ronny Zielinski seinen Kollegen aufzubauen.

Stefan Kaiser beschließt, über das Ganze noch einmal nachzudenken. Nach zwei Tagen entscheidet er sich dazu, erneut das Gespräch mit Susanne Lorenz zu suchen. Als er sie in einem günstigen Moment abpasst, spricht er sie an: „Frau Lorenz, können wir vielleicht noch einmal über unser *Merlin*-Thema reden? Ich würde das ein oder andere gerne noch besser verstehen." „Ja klar, kein Problem. Ich wollte mir gerade einen Kaffee holen, und dann können Sie gerne gleich mitkommen", ist die freundliche Antwort der Vorgesetzten. Susanne Lorenz ist sichtlich bemüht, „guten Wind" bei ihrem Mitarbeiter zu machen.

Als sie sich an Susannes Schreibtisch eingefunden haben, ergreift Stefan Kaiser sofort das Wort: „Mir ist halt noch immer nicht so ganz klar, warum Sie einem motivierten Mitarbeiter die Möglichkeit nehmen, sich weiterzubilden, zumal einer von uns doch ohnehin zu dieser Fortbildung muss." Susanne entgegnet: „Neben der angespannten Personalsituation kommt noch erschwerend hinzu, dass unser Budget für die Personalentwicklung in diesem Jahr nahezu ausgeschöpft ist und die zwei Wochen *Merlin* das übersteigen würde. Außerdem ist mir heute früh noch unvermittelt eingefallen, dass mich auch schon Sabine danach gefragt hat, ob sie sich in dieser Weise weiterbilden könnte, und ich musste ihr das auch schon verwehren. Das hatte ich schon ganz vergessen", fügt sie mit Nachdruck hinzu. „Ich werde nächstes Jahr für einen von Ihnen beiden die finanziellen Mittel zur Verfügung stellen, und für den anderen werden wir schon eine interessante Alternative finden. Ich hoffe, Sie können meine Entscheidung jetzt besser nachvollziehen. Ich freue mich aber, dass Sie sich nicht scheuen, mich noch mal darauf anzusprechen, und bitte Sie auch darum, das in Zukunft so beizubehalten. Vielleicht hätte ich das im ersten Gespräch auch noch etwas besser erklären sollen."

Stefan Kaiser fühlt sich jetzt schon um einiges besser. Er versteht, warum seine Chefin ihm die Fortbildung nicht bewilligen konnte. Zu dieser Gefühlsverbesserung trägt das Lob natürlich noch mehr bei. Er ist auch ein wenig stolz darauf, bei Susanne Lorenz für sein hartnäckiges Nachfragen in positiver Erinnerung zu bleiben. Er nimmt sich vor, dies wirklich zukünftig beizubehalten. Und dennoch fragt er sich, warum diese Fortbildung der Kollegin Hollerbach vorher schon versprochen worden war...

⊙ *In der Lernbox* ***„Die Balancetheorie von Adams"*** *können Sie nachlesen, wie aus der Sicht der Gleichgewichtstheorien Reaktionen und Verhaltensweisen von Mitarbeitern gedeutet werden können.*

Lernbox

Die Balancetheorie

„Die Situation mit Herrn Kaiser hast du wirklich gut gemeistert, Susanne. Im Studium hast du scheinbar in der Vorlesung ‚Führung' gut aufgepasst. Aus der Sicht der Gleichgewichtstheorien können nämlich Reaktionen und Verhaltensweisen von Mitarbeitern gedeutet werden. Eine dieser Theorien habe ich, **J.S. Adams**, in den 1960er-Jahren entwickelt. Meine Balance-Theorie stellt das menschliche Bedürfnis nach Gleichbehandlung und Gerechtigkeit in den Mittelpunkt. Am besten, ich erkläre dir das Modell anhand von ein paar Beispielen.

Im ersten Schritt beruht meine Theorie auf der Annahme, dass soziale Beziehungen mit wirtschaftlichen Tauschaktionen verglichen werden können (Input-/Output-Beziehung). Ausgangspunkt meiner Überlegungen ist die Aussage, dass das ‚Einsatz-Belohnungs-Verhältnis' im Gleichgewicht sein muss, da dieses ansonsten als Ungerechtigkeit empfunden wird. Das Gefühl der Ungerechtigkeit entsteht nicht allein durch die Relation von eigenem Arbeitseinsatz zu Belohnung (z. B. Entgelt, Beförderung, Status, Sicherheit), sondern auch durch den sozialen Vergleich mit anderen Mitarbeitern (Vergleichsperson).

*Stell dir vor, ein gewisser Stefan Kaiser arbeitet in einem Marketingteam (**Input**), mit einem monatlichen Einkommen von 3.500 € brutto (**Output**). Sabine Hollerbach arbeitet ebenfalls in diesem Team in Schwerin. Ihr monatliches Bruttogehalt beläuft sich auf 3.800 €. Daneben hat sie noch beste Aussichten auf eine baldige Beförderung. Herr Kaiser empfindet dies als ungerecht. Frau Hollerbach leistet seiner Ansicht nach nicht mehr als er selbst. Noch dazu hat sie – so meint er – schon einige Male ihre Aufgaben nicht korrekt erledigt und neigt dazu, unzuverlässig zu sein.*

Zwischen zwei Vergleichspersonen kann also subjektiv die Input-Output-Relation als Ungleichbehandlung empfunden werden. Ziel des Handelnden ist es, ein solches Spannungsverhältnis zu vermeiden und wieder ein Gleichgewicht (Homöostase) herzustellen. Als Modell sieht das folgendermaßen aus:

„Homöostatisches Modell"

$$\frac{\text{Einsatz A}}{\text{Belohnung A}} = \frac{\text{Einsatz B}}{\text{Belohnung B}}$$

Um ein Gleichgewicht herzustellen, stehen hierzu mehrere Reaktionsmöglichkeiten des Herrn Kaiser zur Verfügung:

Variation der individuellen Arbeitsleistung:
Herr Kaiser erledigt seine Aufgaben weniger gewissenhaft oder reduziert seine Arbeitsquantität.

Variation der individuellen Ent-/Belohnung:
Herr Kaiser nutzt den Zugang zum Internet immer öfter für private Angelegenheiten.

Veränderung der Wahrnehmung des individuellen Einsatz-Belohnungs-Verhältnisses:
Herr Kaiser schätzt die Sicherheit seines Arbeitsplatzes mehr als die Vergütung.

Veränderung der Wahrnehmung des Einsatz-Belohnungs-Verhältnisses der Vergleichsperson: Nach Ansicht von Herrn Kaiser bringt die Beförderung von Frau Hollerbach viel zu viel Stress mit sich. Das höhere Einkommen wiegt das nicht auf.

Wechsel der Vergleichsperson:
Herr Kaiser vergleicht sich mittlerweile lieber mit Ronny Zielinski, der weniger verdient als er selbst.

Wechsel des Arbeitsplatzes:
Herr Kaiser hat sich bei einer anderen Firma beworben. Dort wird er auf einer vergleichbaren Position 280 € mehr als seine jetzige Kollegin verdienen.

„Die Aussagekraft meiner Balance-Theorie ist, liebe Susanne, zwar durch einige Studien bestätigt worden. Jedoch stellte sich auch heraus, dass sie sich nicht für Prognosen eignet. Ausschlaggebende Faktoren sind individuell abzugrenzen. Dazu gehören beispielsweise die Auswahl und Anzahl der Vergleichspersonen, die Bewertung der Ent-/Belohnung sowie die Selbsteinschätzung der Arbeitsleistung.“

J Da liegt etwas in der Luft

Über Köln liegt ein leichter Nebelschleier. Peter Schmitz blickt aus dem Fenster und sieht gedankenverloren auf den belebten Verkehr der Rheinuferstraße. „Nie hätte ich gedacht, dass mir so etwas passieren könnte." Vor ungefähr vier Monaten lernte der Marketing-Mitarbeiter der KESS BauMa in Köln beim Chatten im Internet Brigitte kennen. Er ist immer noch über sich selbst überrascht, dass er sich auf eine Internetbekanntschaft eingelassen hat.

Brigitte ist etwas jünger als er, ist frisch geschieden und hat eine 13-jährige Tochter. Die „Frau im besten Alter" hat dieselben Freizeitinteressen, mag das gleiche Essen, und auch die langen Chat-Gespräche mit ihr sind alles andere als oberflächlich. Ihr Halbtagsjob als Sekretärin in einer Spedition ermöglicht ihr ein weitgehend bürgerliches Dasein. Schon nach kurzer Zeit ist Peter Schmitz klar, dass Brigitte etwas ganz Besonderes für ihn ist. Der einzige Wermutstropfen: Brigitte wohnt in Rostock. Soweit nur irgend möglich, treffen die beiden sich jedes Wochenende – aber jedes Wochenende ca. 600 km pendeln... Nein, das kann es auf Dauer nicht sein.

Peter hat neue Hoffnung geschöpft. Gestern berichtete Hoffmann im Teammeeting darüber, dass ein Strategieteam für drei Monate in Schwerin gegründet werden soll, das ein Konzept für die Internationalisierung des Konzerns erarbeiten soll. „Auch das Marketing soll und muss natürlich darin vertreten sein", sagte Hoffmann mit betont starker Stimme. „Falls jemand Lust hat, darin mitzuarbeiten, melden Sie sich bitte bei mir", schob er konkret hinterher. „Das ist die Idee. Drei Monate in Schwerin, unweit von Rostock", denkt der frisch verliebte Schmitz. „90 km, eine Stunde Fahrt, das wäre eine wesentliche Verbesserung." Am Abend diskutiert er diese Idee mit seiner Brigitte, die sofort begeistert ist und sich schon auf die Zweisamkeit freut. „Da werde ich schon mal meine Tochter auf dich vorbereiten", macht sie direkt „Nägel mit Köpfen". „Nicht so schnell", wiegelt Schmitz ab, „ich muss doch erst mit Hoffmann reden."

Schon am nächsten Tag tastet Peter Schmitz sich bei seinem Vorgesetzten an das Thema heran. „Haben Sie kurz Zeit?" „Ja, was gibt es denn, Herr Schmitz? Aber bitte nicht das Thema, dass Sie die Teamleitung haben wollen. Das haben wir nach dem Weggang von Frau Lorenz, denke ich, ausreichend besprochen. Ich werde das Team vorerst selbst leiten." „Nein, Herr Hoffmann, das habe ich schon kapiert", entgegnet Schmitz und verzieht dabei das Gesicht ein wenig. Das waren schmerzhafte Tage, als Susanne Lorenz als Teamleiterin nach Schwerin ging und Schmitz die Idee aufbrachte, dass auch in Köln eine Teamleitung eine gute Einrichtung wäre. Aber da hatte Hoffmann sofort einen Riegel vorgeschoben und ihn etwas barsch abblitzen lassen. Mittlerweile hat Peter Schmitz sich – zumindest äußerlich – damit abgefunden, dass er keine Karriere mehr macht. „Entweder hat man das mit Ende 30, Anfang 40 geschafft, oder es klappt gar nicht mehr", hat er mal in einem Managementbuch gelesen.'

„Nein, Herr Hoffmann, ich interessiere mich für die Mitarbeit im Strategieteam in Schwerin." „Ach ja", grummelt Hoffmann vor sich hin und fährt mit voller Aufmerksamkeit fort: „Das ist ja erfreulich. Wie kommt's?" „Ich denke, das ist einfach eine Chance", antwortet Schmitz und überlegt, ob er seinem väterlichen Vorgesetzten die privaten Gründe mitteilen soll. „Da werden Sie ja auch Frau Lorenz wiedersehen", versucht Hoffmann positive Verstärker für die Entscheidung zu finden. Da er merkt, dass das nicht gerade ein starkes Argument war, schiebt er hinterher: „Auf jeden Fall ist eine solche Tätigkeit eine gute Entwicklungschance. Sie können mit Ihrer Erfahrung die Interessen der Marketingabteilung gut einbringen. Wir werden uns eng abstimmen über alle Schritte. Ich mache mir Gedanken, wie wir in den drei Monaten Ihre Aufgaben hier im Team verteilen. Klären Sie bitte mit der Personalabteilung schon einmal alle Details bezüglich Wohnung, Reisekosten etc." Bei der Verabschiedung hat Schmitz das Gefühl, dass Hoffmann schon etwas verwundert über sein Engagement ist. „Vielleicht hätte ich ihm doch von Brigitte erzählen sollen", denkt er sich.

Drei Wochen später verbringt Peter Schmitz sein Wochenende in Rostock bei Brigitte und ihrer Tochter Rina. Am anschließenden Montag beginnt seine Projektarbeit in Schwerin. Er lernt am ersten Tag das Projektteam kennen, das vom Assistenten der Geschäftsführung, Markus Werdemann, geleitet wird. Peter Schmitz ist beeindruckt, wie professionell der junge Mann seine Aufgabe anpackt. „Der Mann hat wirklich Charisma", denkt Schmitz und realisiert schmerzlich, dass er von seinen Karriereplänen wohl oder übel Abschied nehmen musste. Die erste Begegnung mit Susanne Lorenz, in der Kantine des Schweriner Standortes, verläuft am darauffolgenden Dienstag distanziert-freundlich. Es scheint, dass beide froh sind, dass sie nicht direkt miteinander zu tun haben. Für die beiden ehemaligen Kollegen ist die Zeit in Köln, und vor allem die Zeit der Projektleitung durch Susanne, noch in guter, aber nicht unbedingt angenehmer Erinnerung. Auch nach dem Projekt hat sich keine wirklich entspannte Beziehung zwischen den Kollegen entwickelt.

Die sporadischen und zufälligen Aufeinandertreffen zwischen den beiden geraten in den nächsten Wochen zu diplomatischen Gipfeltreffen, wo Smalltalk auf höchstem Niveau betrieben wird und man sich gegenseitig nicht in die Karten schauen lässt. Kein Wort von Peter Schmitz zu seiner Strategiearbeit. Dementsprechend erfährt Susanne auch nur über Dritte, dass Peter Schmitz von Markus Werdemann beauftragt wurde, die Entwicklung des osteuropäischen Marktes zu recherchieren. Dafür soll Susanne Zahlen und Daten in das Projektteam und an Peter Schmitz liefern. Der frühere Kollege hat sich jedoch nicht an Susanne selbst gewandt, sondern suchte an einem Tag, an dem Susanne dienstlich unterwegs war, ihr Team auf, um sich die Zahlen zu holen. Als Susanne davon hört, ist sie empört. „Was sind das denn für krumme Touren“, entrüstet sich die statusbewusste Führungskraft. „Der macht das doch extra an mir vorbei“, erzählt sie ihrer Tante Marianne am Telefon. „Ja, du solltest ein bisschen aufpassen bei dem Kollegen Schmitz. Du weißt ja, der hat im Projektteam damals ziemlich gegen dich gearbeitet.“ Susanne ist beeindruckt vom Gedächtnis der Tante. Zugleich bestärkt es sie darin, dass sie wirklich aufmerksam sein und gegensteuern muss. Sie beginnt darüber nachzudenken, mit welcher Motivation der ihrer Meinung nach eher träge Ex-Kollege den Weg in das Strategieteam gesucht hat. Sie beschließt, den Projektleiter Werdemann bei nächster Gelegenheit anzusprechen und darum zu bitten, dass alle Anfragen des Projektteams an sie selbst zu richten sind. Das kurze Gespräch mit dem Assistenten der Geschäftsführung verläuft für Susanne wenig zufriedenstellend. „Frau Lorenz, seit wann sind wir bei KESS so bürokratisch?“, ist seine lapidare Antwort, dreht sich um und widmet sich den technischen Details des Kaffeeautomaten.

Zweimal muss Susanne noch zur Kenntnis nehmen, dass der frühere Kollege ohne Rücksprache mit ihr in ihrem Team aufgetaucht ist und Daten eruiert hat. Offensichtlich ignorieren Peter Schmitz und Markus Werdemann ihr Ansinnen komplett. Das ärgert sie fürchterlich. Sie überlegt, die Angelegenheit mit Hoffmann zu besprechen, kommt aber zu dem Entschluss, es nicht zu tun. „Der denkt sonst, ich fange bei jeder Kleinigkeit an zu jammern.“

Am nächsten Morgen lotst sie Sabine Hollerbach in ihr Büro und fragt sie über das Verhalten von Peter Schmitz aus. Erst druckst Sabine peinlich berührt um die Sache herum und erzählt nur, welche Daten er gewollt hat. Susanne bohrt nach. Was sie dann aber zu hören bekommt, verschlägt ihr fast die Sprache. Sabine und das gesamte Team schienen sehr einseitig von Peter Schmitz über Susannes erste Projektleitung in Köln in Kenntnis gesetzt worden zu sein. „Inkompetente Teamführung bis hin zur völligen Ahnungslosigkeit“ soll sie damals an den Tag gelegt haben. Peter Schmitz hat nichts ausgelassen. Die Tatsachen von Köln hat er so hin- und hergedreht, dass sie wie die „Unfähigkeit in Person“ dasteht. Sicherlich ist damals nicht alles glatt gelaufen, aber sie hat dazugelernt. Die hinzugedichteten Geschehnisse, nach denen Susanne einen Mitarbeiter vor versammelter Belegschaft blamiert haben soll, sind des Guten aber dann wirklich ein bisschen zu viel. Das Ganze wird dann nur noch durch die Geschichte gekrönt, dass sie die Stelle in Schwerin nur bekommen habe, weil sie ihrem Vorgesetzten Hoffmann „schöne Augen“ gemacht hätte. Innerlich kocht Susanne, als sie Sabines Ausführungen lauscht. Nachdem sie Sabine versichert hat, dass an diesem Gerücht nichts Wahres dran ist, bedankt sie sich bei ihrer Mitarbeiterin für ihre Offenheit. Kaum hat Sabine Susannes Büro verlassen, wählt sie Hoffmanns Nummer und berichtet ihm von ihren Enthüllungen. „Was fällt dem ein, mich so zu hintergehen?! Herr Hoffmann, holen Sie bitte Herrn Schmitz so bald wie möglich wieder nach Köln zurück.“

Hoffmann sagt Susanne zu, sich der Sache anzunehmen. Susanne ist nach dem Telefonat etwas skeptisch, da Hoffmanns Stimme so sachlich-neutral klang. Sie hätte sich gewünscht, mehr Unterstützung in seinen Worten entdecken zu können. Dennoch hört und sieht sie von da an nichts mehr von „Peter Lügenbaron“, wie sie den Exkollegen in ihrem Team nun nennt. Susanne ist die Erleichterung deutlich anzumerken. „Zwar wurde ich nur über einen kurzen Zeitraum hinweg gemobbt, aber das war bereits zermürbend. Einer solchen Tortur möchte ich nicht über einen längeren Zeitraum ausgesetzt sein“, berichtet sie in einem Telefonat ihrer besorgten Mutter. „Gott sei Dank hat der Hoffmann sofort reagiert – wer weiß, wie das sonst geendet hätte.“ „Das sollte mir ein Beispiel sein“, denkt sie sich und geht an diesem Abend zwar müde, aber erleichtert nach Hause.

Aufgabenbox

Sabine redet von „Mobbing.“ Aber ist das tatsächlich Mobbing? Haben Sie sich schon einmal Gedanken über dieses Phänomen gemacht? Notieren Sie stichwortartig, was Ihrer Meinung nach „Mobbing“ charakterisiert und von einer normalen Konfliktsituation unterscheidet:

____

____

____

Infobox

Mobbing

Rund eine Million Menschen sind in Deutschland von Mobbing betroffen. Die Betroffenen fühlen sich dem Mobbing-Geschehen gegenüber häufig hilflos ausgesetzt. Am Ende steht häufig die Kündigung, Krankheit oder Isolierung im Beruf. Mobbing ist jedoch nicht der alltägliche Streit oder Konflikt. Vielmehr steht – seit es den Begriff „Mobbing" gibt – allzu schnell ein Mobbing-Vorwurf im Raum, auch wenn es sich eigentlich nur um eine Auseinandersetzung handelt. Wichtig ist deshalb zuerst einmal zu wissen, wie Mobbing definiert werden kann.

Es existieren vier elementare Merkmale, die Mobbing charakterisieren:

1. Negative Handlungen: Mobbingverhalten kann verbal (z. B. Beschimpfung), nonverbal (z. B. Vorenthalten von Informationen) oder physisch (z. B. Gewalt) sein. Mobbing-Handlungen gelten üblicherweise als feindselig, aggressiv und destruktiv.

2. Verhaltensmuster: Mobbing bezieht sich auf ein Verhaltensmuster und nicht auf eine einzelne Handlung. Die Handlungsweisen sind systematisch und kontinuierlich, d. h. sie wiederholen sich über einen längeren Zeitraum.

3. Ungleiche Machtverhältnisse: Die Beteiligten haben unterschiedliche Einflussmöglichkeiten auf die jeweilige Situation. Der eine ist dem anderen unterlegen.

4. Opfer: Im Handlungsverlauf kristallisiert sich ein Opfer heraus. Aufgrund der ungleichen Machtverteilung hat es Schwierigkeiten, sich zu wehren.

Sobald sich Mobbing-Handlungen entwickeln, finden gezielte und häufige Angriffe statt:

Angriffe auf die sozialen Beziehungen (z. B. spricht man bewusst nicht mehr mit der Person oder schenkt ihr kein Gehör)

Angriffe auf das soziale Ansehen (z. B. spricht man hinter dem Rücken schlecht über die Person; Verleumdungen)

Angriffe auf den beruflichen Status (z. B. gibt man der Person zu viele oder unliebsame Aufgaben, sinnlose oder keine Aufgaben; man kritisiert die Arbeit in übertriebenem Maße)

Angriffe auf die Gesundheit (z. B. körperliche Gewalt, sexuelle Belästigung, extremer Arbeitsdruck, massiver Psychoterror)

Ursachen für Mobbing-Handlungen liegen häufig in einer mangelhaften Organisation der Arbeit, im Führungsverhalten des Vorgesetzten oder der sozialen Stellung bzw. Andersartigkeit des Mobbingopfers, ohne dass ihm dafür die Schuld gegeben werden kann. Meist sind Kollegen und Vorgesetzte die Mobbing-Täter. Eher selten kommt es vor, dass Mitarbeiter ihren Vorgesetzten mobben.

Führungskräfte sollten ein Mobbinggeschehen, sobald sie es wahrnehmen, sofort stoppen und dem Opfer zunächst volle Unterstützung geben. Gegebenenfalls sollte eine professionelle, externe Unterstützung (Psychologe, Therapeut) eingeschaltet werden. Die Sanktionierung des Mobbing-Täters steht an zweiter Stelle. Diese kann bis zur Abmahnung oder Kündigung reichen, je nach Schwere der Vorwürfe. Die Mobbingursachen sollten gezielt beseitigt werden, sofern diese identifizierbar sind.

K Welch eine Überraschung

„Puh, die vergangenen Wochen waren turbulenter, als mir lieb ist“, denkt Susanne. „Zum Glück ist die Zeit überstanden, und Peter Schmitz ist wieder in Köln. Soll er doch auf seiner alten Position glücklich werden, statt mir hier in Schwerin das Leben schwer zu machen!“ Entspannt lehnt sich Susanne zurück und greift nach der Tasse heißen Tee, die vor ihr auf dem Couchtisch steht. Mittlerweile hat die junge Frau ihre Wohnung in Schwerin gemütlich eingerichtet und genießt die freien Stunden in den eigenen vier Wänden. So wie heute. Endlich kommt sie mal wieder zum Lesen. Die abonnierten Fachzeitschriften sind die letzte Zeit liegen geblieben, und nun, wo sie sich nicht mehr mit Schmitz rumärgern muss, kann sich Susanne wieder auf die aktuellen Themen im Bereich Personal konzentrieren. Seit letztem Freitag ist Schmitz wieder in Köln, und Susanne kann sich auf „die wichtigen Dinge des Lebens“ konzentrieren. Morgen ist auch schon Freitag, und Susanne freut sich auf das bevorstehende Wochenende. Nicht nur das Team hat unter den Attacken des Kölner „Kollegen“ gelitten, sondern auch die Beziehung zu Sven. Seit sechs Wochen haben sie sich nicht mehr gesehen, und die abendlichen Telefonate sind auch immer seltener geworden. Das soll sich wieder ändern. Für das ausstehende Wochenende hat sie etwas ganz Besonderes vorbereitet. Sie will ihren Freund mit einem spontanen Besuch in München überraschen. Da Sven ihr erzählt hat, dass er sich für das Wochenende noch nichts vorgenommen hat, dürfte das eine willkommene Überraschung für ihn werden.

Auf der Zugfahrt nach München sucht Susanne die romantischsten Orte in der Stadt aus dem Stadtführer heraus, den sie kurzerhand am Bahnhof gekauft hat. Sie plant das Wochenende im Detail. Die sechsstündige Zugfahrt kommt ihr da ganz gelegen. In München angekommen, fährt sie mit dem Taxi direkt in Svens Wohnung. Voller Vorfreude steckt sie die Wohnungsschlüssel ins Schloss und öffnet die Türe. „Sven, ich bin`s! Hallo!!?“ Keine Antwort. Niemand zu Hause. Enttäuscht lässt sich Susanne auf das Sofa fallen und versucht, ihren Freund per Handy zu erreichen. Nur die Mailbox: „Hi Sven, ich bin`s. Ich sitze gerade in deiner Wohnung. Ja, du hörst richtig, in *deiner* Wohnung. Dachte, wir sehen uns dieses Wochenende? Bitte melde dich bei mir." Susanne schaut sich in den vier Wänden ihres Freundes um. Sven hat die Möbel umgestellt und offensichtlich ein neues Hobby. „Vom Golfen hat er mir nie etwas erzählt", geht ihr wehmütig durch den Kopf. Es scheint, als hätten Sven und sie sich in den vergangenen Monaten entfremdet. Die Zeit, die sie nicht miteinander verbracht haben, kann scheinbar nicht durch vereinzelte gemeinsame Wochenenden kompensiert werden.

Als Sven sich Minuten später bei Susanne meldet, klingt dieser recht unterkühlt. Er sei momentan noch im Fitnessstudio, aber in einer dreiviertel Stunde zurück in der Wohnung. Susanne schaut auf die Uhr. In der Zeit, in der sie bei einer Tasse Kaffee auf ihren Freund wartet, gehen Susanne die letzten Monate durch den Kopf. „Viel Zeit haben wir nicht miteinander verbracht, und in den Telefonaten haben wir uns auch nur sehr oberflächlich unterhalten." Susanne horcht in sich hinein und stellt sich selbstkritisch ihren Gefühlen gegenüber Sven. Als eine knappe Stunde später Sven in der Tür steht, ist sie sich sicher: Das Paar führt schon längere Zeit eine Beziehung, die keine mehr ist. Es folgt ein langes klärendes Gespräch. Bis in den späten Abend sitzen sie sich teilweise wie Fremde gegenüber. Emotional, jedoch ohne Vorwürfe, beschreiben sie sich gegenseitig ihr Gefühlsleben, ihre Hoffnungen und Zukunftswünsche. Susanne spricht mit ruhiger Stimme: „Wir beide haben uns mit der Zeit und der jeweiligen Entwicklung offensichtlich auseinandergelebt." Während die aufstiegsorientierte junge Frau sich die nächsten Jahre auf ihre Karriere konzentrieren möchte, sieht Sven seine Partnerin eher als Mutter der gemeinsamen Kinder. Nicht zuletzt daran könnte die Beziehung scheitern. Beide sind sich einig, dass eine Fernbeziehung, wie sie sie führen, sowie die unterschiedlichen Lebensentwürfe nicht miteinander in Einklang zu bringen sind. Die Aussprache verläuft in weiten Teilen einigermaßen emotionslos. Als beiden die traurige Konsequenz einer latenten Unvereinbarkeit ihrer Lebensentwürfe bewusst wird, fließen doch noch Tränen.

Das Gespräch mündet in ein gegenseitiges „Das war's dann wohl". Susanne hat sich entschieden, die Nacht in einem nahegelegenen Hotel zu verbringen. So emotional aufgewühlt möchte sie heute Nacht nicht mehr nach Schwerin zurückfahren. Sonntagmorgen wacht Susanne mit verquollenen Augen auf. Sie hat unruhig geschlafen. Ihr geht nochmals der vergangene Abend durch den Kopf. „War die Entscheidung, sich von Sven zu trennen, wirklich richtig? Ist meine Karriere mir wirklich wichtiger als eine gut funktionierende Beziehung?" Der jungen Frau kommen arge Zweifel an der Richtigkeit ihrer Entscheidung. Sie greift zum Handy, um ihren Ex-Partner anzurufen. Das Display schmückt ein Foto des Paares aus besseren Zeiten. Traurig schaut sie sich das Bild an, und ihr schießen die Tränen in die Augen. „Da muss ich jetzt durch! Es ist doch bereits alles gesagt!" Sie legt das Handy wieder auf den Nachttisch und zieht die Decke bis über die Augen. Bis zum frühen Nachmittag bleibt Susanne im Bett liegen. Erst dann kann sie sich aufraffen, unter die Dusche zu springen, ihre Tasche zu packen und sich an der Rezeption des Hotels ein Taxi zum Bahnhof zu bestellen.

Spät in der Nacht trifft die Neu-Single-Frau in Schwerin ein. In ihrer Wohnung angekommen, legt sie sich sofort ins Bett. Sie fühlt sich ausgelaugt und einsam. Schnell fällt sie in einen tiefen traumlosen Schlaf. Am nächsten Morgen wacht sie erst auf, als die Sonne bereits durch die Schlafzimmerfenster scheint. Drei Stunden zu spät erscheint die Teamleiterin im Büro. Das Montagsmeeting hat sie somit verpasst. „Macht nichts", denkt sie sich, „geht ja eh immer um dieselben Themen." Mit einer Tasse starken Kaffee bewaffnet, zieht sich Susanne in ihr Büro zurück und wartet auf den Feierabend. Punkt 17 Uhr schleicht die junge Frau mit hängenden Schultern aus dem Büro. Zu Hause angekommen, krabbelt Susanne deprimiert ins Bett zurück, knipst die „Glotze" an und schaut abwesend Löcher in die Luft. So schlägt sie sich durch zwei gesamte Wochen.

Für Freitagnachmittag hat sich Herr Hoffmann bei seiner Marketing-Leiterin in Schwerin angekündigt. Seine ersten Worte sind den Befindlichkeiten der jungen Nachwuchsführungskraft gewidmet: „Frau Lorenz, wie geht es Ihnen?" „Sehr gut, danke. Und Ihnen?" „Frau Lorenz, ich wollte Sie unter vier Augen sprechen. Von mehreren Seiten kamen mir besorgte Stimmen zu Ohren. Sie hätten sich die vergangenen Tage in Ihrem Büro verbarrikadiert und seien kaum ansprechbar. So kenne ich Sie überhaupt nicht. Ist bei Ihnen wirklich alles in Ordnung?". „Ja, ja, Herr Hoffmann. Alles in bester Ordnung. Danke der Nachfrage." Hoffmann lässt nicht locker: „Frau Lorenz, ich kenne Sie seit Ihrem Studium, aber in so einer Verfassung habe ich Sie noch nie gesehen. Bitte nehmen Sie sich ein paar Tage frei, wenn Sie Zeit für sich brauchen. Sie haben sicherlich noch verfügbare Urlaubstage. Finden Sie Ihr Gleichgewicht. Ihr Team braucht Sie, aber mit viel Elan, kreativen Ideen und einem klaren Kopf." Mit diesen Worten verlässt Herr Hoffmann ihr Büro. Der Vorgesetzte war immer ein guter Mentor für Susanne. Mit seiner Lebenserfahrung und seinem Einfühlungsvermögen ist er in jeder Situation ein guter Ratgeber gewesen. Die junge Frau nimmt sich daher seine wohlgemeinte Kritik zu Herzen und meldet noch vor Feierabend eine Woche Urlaub an. „Herr Hoffmann hat recht. So bin ich meinem Team weder ein gutes Vorbild noch besonders nützlich. Ich brauche eine Auszeit, um mein Privatleben zu ordnen."

Die freien Tage verbringt Susanne bei ihrer Familie in Köln. Ihre Mutter hatte seit jeher und zu jeder Zeit ein offenes Ohr für sie. Die langen Gespräche „unter Frauen" und die elterliche Fürsorge tun Susanne sichtlich gut. Sie trifft sich mit Freunden, nimmt sich aber auch Zeit für ihr Seelenleben. Die Tage in der Domstadt setzen in Susanne neue Energie frei. Noch vor ihrer Rückfahrt erfüllt sie sich einen lang gehegten Wunsch. Einem pechschwarzen Kater aus einem benachbarten Tierheim möchte sie ein neues Zuhause schenken. „Camillo“ und sie werden ein tolles Team darstellen.

Zurück in Schwerin packt die wiedererstarkte unternehmungslustige Susanne Job und Freizeit neu an. Voller Motivation ist Susanne am ersten Tag nach ihrem Urlaub die Erste im Büro. Sie geht die liegengebliebene Post, Mails und die Wochenplanung durch. Beim morgendlichen Meeting bedankt sie sich bei den Teammitgliedern für das Verständnis sowie die Unterstützung der letzten Wochen, jedoch ohne die Ursache für den spürbaren „Durchhänger“ zu konkretisieren.

Aufgabenbox

Was denken Sie? Sollten Führungskräfte den Mitarbeitern von privaten Problemen erzählen, wenn welche auftreten und die eigene Leistungsfähigkeit beeinträchtigen?

Bilden Sie sich eine Meinung:

Ja, weil ____________________

____

____

____

____

____

Nein, weil ____________________

____

____

____

____

____

L Auch das noch...

So langsam läuft alles wieder seinen gewohnten Gang. Das Team hat Susanne den privaten Tiefpunkt, der sich auch auf ihre Arbeit ausgewirkt hat, nicht krummgenommen. Eine Woche nach ihrem Urlaub klopft jedoch Sabine Hollerbach an ihre Bürotür. Etwas zaghaft kommt sie der Aufforderung Susannes, einzutreten, nach. „Was kann ich für Sie tun?" Susanne lächelt Sabine aufmunternd an. „Ja, ich... äh... muss mit Ihnen reden." Eine ernste Miene verdüstert ihre sonst so strahlende Mimik. „Was hat Sabine nur?" Ein mulmiges Gefühl beschleicht Susanne. „Ja, also, ich... ich habe beschlossen, dass es Zeit für mich wird, noch einmal neu anzufangen. Zum nächsten Ersten hätte ich die Möglichkeit, in einem Unternehmen in Hamburg zu beginnen. Die Kündigung habe ich schon mitgebracht. Wäre das vom Termin her möglich?" Sabine guckt beschämt auf dem Boden. Da ist Susanne erstmal sprachlos. Sabine kündigt! Damit hat sie nicht gerechnet. Als Vorgesetzte möchte sie sich Zeit für ein vertiefendes Gespräch nehmen, um die Gründe von Frau Hollerbachs Entscheidung zu erfahren. Susanne blickt auf ihre Armbanduhr: 10.45 Uhr. Ausgerechnet heute hat sie einen wichtigen Ortstermin in der Wismarer Baumarkt-Filiale, den sie nicht verschieben kann.

„Ja, Sabine. Das müsste zu machen sein. Aber was halten Sie davon, wenn wir uns morgen erstmal in Ruhe hinsetzen und das Ganze ausführlicher besprechen? Leider muss ich gleich zu einem wichtigen Außentermin. Was meinen Sie? Morgen früh so gegen 10 Uhr?" Susanne sucht den Augenkontakt zu Frau Hollerbach. „Ja, o. k. Aber das Kündigungsschreiben lass ich Ihnen schon einmal hier. Bis morgen!" Und so zaghaft, wie sie das Büro betreten hat, verlässt sie es auch wieder.

„Warum kündigt Sabine nur?" Susanne kann sich nach dem Gespräch mit Sabine gar nicht richtig auf das bevorstehende Meeting konzentrieren. „Habe ich etwas falsch gemacht? Gab es Anzeichen für die bevorstehende Kündigung, die ich übersehen habe? Ich muss mir unbedingt ein paar Argumente für morgen überlegen. Vielleicht kann ich Sabine von der Kündigung abbringen. Wer weiß, ob ich bei dem jetzigen Einstellungsstopp die Stelle jemals wieder besetzt bekomme?" Susanne macht sich noch den ganzen Tag Gedanken um Sabine Hollerbach. Sie fertigt für das morgige Gespräch ein paar Notizen. Das meiste wird sie aber aus dem Bauch heraus nachfragen.

Am nächsten Morgen spürt Susanne ihre innere Anspannung. Immer wenn sie nervös ist, fängt ihr Magen an, verrückt zu spielen. Das Gespräch soll in einer netten Atmosphäre stattfinden. Susanne stellt einige Plätzchen bereit und setzt frischen Kaffee auf. Zudem bittet sie darum, dass ab zehn Uhr vorerst keine Gespräche zu ihr durchgestellt werden. Als dann Sabine Hollerbach Punkt zehn Uhr ihr Büro betritt – ähnlich zögerlich wie gestern – bedankt Susanne sich vorweg, dass sie sich dafür die Zeit genommen hat. „Kein Problem, ist doch selbstverständlich", antwortet ihr Sabine. „Ihre Kündigung hat mich sehr überrascht. Deswegen würde ich heute gerne mit Ihnen offen darüber sprechen." Sabine rutscht nervös auf ihrem Stuhl hin und her. „Möchten Sie etwas trinken?" Da Sabine mit dem Kopf nickt, gießt sie ihr und sich selbst eine Tasse Kaffee ein. „Wir haben doch ein gutes Verhältnis zueinander? Ich würde gerne die Gründe, die Sie zur Kündigung bewegt haben, erfahren."

„An Ihnen liegt es ganz bestimmt nicht. Ich habe sehr gerne mit Ihnen zusammengearbeitet. Vielleicht hat man es mir in den letzten Wochen nicht so angemerkt. Ich fühlte mich sehr müde, konnte nachts aber trotzdem schlecht schlafen. Oft habe ich Kopfschmerzen. Und ganz ehrlich, war ich damals sehr frustriert darüber, dass nicht ich Ihre Position angeboten bekommen habe. Immer habe ich Überstunden gemacht, habe mich in die Arbeit reingekniet." Ganz offen und ehrlich, da Frau Hollerbach nichts zu verlieren hat, klärt sie ihre Vorgesetzte über die Gründe ihrer Kündigung auf. „Ich dachte, ich bin immer noch nicht gut genug, um befördert zu werden. Habe mich noch weiter in die Arbeit gestürzt. Aber das Ergebnis war nur, dass ich immer öfter frustriert war, weil ich meinem Ziel, zumindest mal ein größeres Projekt zu leiten, immer noch nicht nähergekommen war. Es war nett von Ihnen, dass Sie mich zu Ihrer Stellvertreterin ernannt haben, aber wirkliche Verantwortung hat das nicht gebracht. Irgendwie stand das nur auf dem Papier." Sabine Hollerbach hält kurz inne und schaut die aufmerksame Führungskraft an. „Das ganze Berufliche hat mich so beeinflusst, dass ich mich auch im privaten Bereich sehr zurückgezogen habe. Nach langen Gesprächen mit meiner besten Freundin und meiner Familie habe ich mich entschlossen, mich beruflich zu verändern. Nun haben meine Bemühungen Früchte getragen. Letzte Woche habe ich eine Zusage von einem renommierten Unternehmen mit Sitz in Hamburg erhalten. Die möchten mich schnellstmöglich einstellen. Am liebsten würde ich schon morgen anfangen."

Sabine holt erstmal tief Luft, während sie Susanne anschaut. Die beiden Frauen halten einen intensiven Blickkontakt, so als ginge es darum, wer länger standhält. „Deswegen seien Sie mir nicht böse, wenn die Kündigung jetzt so kurzfristig kommt. Ich habe immer gerne bei der KESS gearbeitet." Sabine schaut Susanne entschuldigend an. „Kann ich denn kurzfristig aus dem Vertrag, oder legen Sie Wert darauf, dass ich die vertraglich vereinbarte dreimonatige Kündigungsfrist einhalte?", schiebt Sabine hastig hinterher.

Auf der einen Seite ist Susanne froh, dass die Kündigung nicht explizit an ihrem Führungsstil liegt. Auf der anderen Seite erkennt sie aber auch, dass sie Sabine nicht dazu bewegen kann, die Kündigung zurückzunehmen. Angesichts dieser Erkenntnis bedankt sie sich bei Frau Hollerbach für die offenen Worte, plaudert mit ihr noch ein wenig über die vergangenen Zeiten. Eine zentrale Frage ist vor allem, wie die letzten Wochen für Sabine bei KESS organisatorisch ablaufen sollen. Susanne hat Sabine durchaus ins Herz geschlossen und möchte mit ihr im Guten auseinandergehen. Auch das gehört für sie zur Professionalität einer Führungskraft.

Nach knapp einer Stunde geht Sabine sichtlich erleichtert über den positiven Verlauf des Gespräches wieder zurück an ihren Schreibtisch. Susanne sinkt in ihren Schreibtischstuhl zurück und lässt das Gespräch noch einmal Revue passieren. Sie hat sich während des Gesprächs einige Notizen gemacht, um die Signale für Unzufriedenheit mit der Arbeitssituation beim nächsten Mal eher erkennen zu können. Vielleicht hätte sie mit mehr Erfahrung die Zeichen eher erkannt und somit auch der Kündigung von Sabine entgegenwirken können. Nachdem Susanne ihre Gedanken gesammelt hat, greift sie zum Telefonhörer. Sie muss unbedingt Hoffmann anrufen und ihm von der Kündigung erzählen. „Hoffentlich werde ich die Stelle neu besetzen dürfen", denkt sie. Und Sabine will schon in weniger als drei Wochen – zum nächsten Ersten – in Hamburg anfangen...

„Guten Tag, Herr Hoffmann. Hier spricht Susanne Lorenz." In aller Ausführlichkeit informiert Susanne ihren Vorgesetzten über die plötzliche Kündigung von Frau Hollerbach. Dass dieser nicht gerade erfreut darüber sein wird, hat sie sich schon vor dem Telefonat gedacht. Jedoch hat sie nicht damit gerechnet, dass Herr Hoffmann die Entscheidung, ob Frau Hollerbach die Kündigungsfrist einzuhalten hat oder nicht, Susanne überlässt. „Frau Lorenz, es ist sicherlich keine leichte Situation für Sie und Ihr Team. Aber die Entscheidung, Frau Hollerbach vorzeitig freizustellen oder nicht, sollten Sie als Führungskraft selber treffen. Das sollten Sie vor Ort besser entscheiden können als ich!"

⊙ *Was meinen Sie? Sollte Susanne Lorenz auf die Einhaltung der vertraglich vereinbarten dreimonatigen Kündigungsfrist bestehen? Dann lesen Sie bitte weiter bei L1, Seite 147.*

⊙ *Sollte Susanne Lorenz die Mitarbeiterin frühzeitig aus dem Vertrag entlassen? Dann lesen Sie weiter bei L2, Seite 151.*

L1 Einhaltung der Kündigungsfrist

„Aber denken Sie daran, wie teuer und langwierig ein Stellenbesetzungsverfahren ist, Frau Lorenz?!" Diese Worte hallen Susanne noch Stunden nach dem Telefonat mit ihrem Vorgesetzten durch den Kopf. Nach zwei Tagen reiflicher Überlegung ist Susanne Lorenz zu der Entscheidung gekommen, Frau Hollerbach keinesfalls frühzeitig aus dem Arbeitsvertrag zu entlassen. Momentan arbeitet das gesamte Team unter Hochdruck an der Aktualisierung der Online-Datenbank und der Vorbereitung einer außerplanmäßigen Kundenbefragung. Alle haben bereits reichlich Überstunden angesammelt. Den Verlust von Frau Hollerbachs Arbeitsleistung und Know-how würde das Team derzeit nur schwer verkraften. Davon abgesehen hat Herr Hoffmann angedeutet, dass eine Neubesetzung der Stelle zurzeit fraglich sei. „Die Geschäftsführung ist da momentan sehr restriktiv", so Hoffmann. Susanne ist sich sicher, dass ihre Entscheidung, Sabine Lorenz bis zum Ablauf der vereinbarten Kündigungsfrist im Unternehmen zu beschäftigen, die richtige ist.

„Nach Abzug Ihrer restlichen Urlaubstage und der Überstunden kann ich Sie frühestens in sieben Wochen aus dem Vertrag entlassen. Es tut mir leid, aber wir brauchen Sie auch hier in Schwerin." Sabine Hollerbach sieht mit Verbitterung auf die Kopie, die Frau Lorenz ihr vorlegt. „Schon o. k., Sie müssen es ja wissen", kommentiert sie Susannes Erläuterungen knapp und verlässt den Raum.

Keine 48 Stunden später. „Ist Frau Hollerbach noch nicht da? Sie kommt doch sonst nie zu spät?!", fragt Susanne Lorenz Teamassistentin Sophie Müller, als sie diese zufällig gegen halb elf beim Kaffeeholen in der Küche trifft. „Nein, Frau Hollerbach ist in der Regel immer die Erste im Büro und die Letzte, die geht." Dies soll nicht der einzige Tag in den kommenden Wochen bleiben, an dem Sabine Hollerbachs Pünktlichkeit zu wünschen übrig lässt. Insgesamt fällt der jungen Führungskraft auf, dass die Leistungen der Diplom-Psychologin in den Tagen nach der Kündigung stark abnehmen. Bei den regelmäßigen wöchentlichen Meetings bringt diese sich immer seltener mit konstruktiven Ideen ein. Das entgeht auch nicht den übrigen drei Teammitgliedern, die von Susanne persönlich über die Kündigung ihrer Kollegin informiert wurden. „Also richtig reinhängen in ihre Arbeit tut sie sich nicht mehr. Das meiste bleibt an uns hängen", beschwerten sich Ronny Zielinski, Stefan Kaiser und Sophie Müller in der vergangenen Teamsitzung, an der Frau Hollerbach nicht teilgenommen hatte, da sie „dringend zum Arzt" musste.

In der dritten Woche nach der Kündigung wird es Susanne zu bunt. Als Sabine Hollerbach erneut eine gute Stunde zu spät zur Arbeit erscheint, zitiert Susanne Lorenz die Angestellte in ihr Büro. „Frau Hollerbach, Ihre zukünftigen Berufspläne in allen Ehren, aber Ihre Arbeitsmoral lässt doch stark zu wünschen übrig. So kenne ich Sie gar nicht und, um ehrlich zu sein, hätte ich das auch nicht von Ihnen erwartet. Bis dato bin ich davon ausgegangen, dass Sie Ihre Arbeit in unserem Team professionell beenden." „Das tue ich auch", antwortet die angehende Hamburgerin unterkühlt.

Am kommenden Tag erhält Susanne Lorenz Frau Hollerbachs Krankmeldung. Die letzten vier Wochen ihres Arbeitsvertrags wird diese wohl nicht mehr im Schweriner Büro verbringen. In Anbetracht des personellen Engpasses und des Termindrucks arbeiten die verbliebenen Teammitglieder bis an ihre Leistungsgrenzen, um die Datenaktualisierung der CRM-Datei erfolgreich und termingerecht abzuschließen. Nachdem dies geschafft ist, ist Susanne klar: Die offene Stelle muss dringend neu besetzt werden. Zu dritt sind die anstehenden Projekte nicht zu stemmen.

Susanne ist sehr enttäuscht über Sabine Hollerbach und kann ihrem Unmut kaum freien Lauf lassen. In ihrer Wut sitzt sie am Schreibtisch und überlegt, wie sie es Frau Hollerbach „heimzahlen" kann. Sie macht sich Notizen für das Arbeitszeugnis, das sie Sabine Hollerbach ausstellen muss.

Aufgabenbox

Kennen Sie sich aus mit Arbeitszeugnissen? Bitte schätzen Sie anhand der klassischen Notenskala ein, wie die folgenden Formulierungen in einem Arbeitszeugnis zu bewerten sind. Die Auflösung finden Sie im Anhang.

Ihre Aufgaben erledigte Frau Hollerbach selbstständig und mit genügender Sorgfalt und Genauigkeit. **( )** Durch die aktive, regelmäßige Teilnahme an freiwilligen Weiterbildungskursen hat Frau Hollerbach ihr Fachwissen um ein Vielfaches erweitert. Ihre neu erworbenen Kenntnisse setzte sie sofort sehr erfolgreich in die Praxis um. **( )** Auf der Basis ihrer schnellen Auffassungsgabe arbeitete sich Frau Hollerbach eigenständig in neue Aufgabenfelder ein. **( )** Sie war eine belastbare Mitarbeiterin, deren Arbeitsqualität uns auch bei wechselnden Anforderungen zufriedenstellte. **( )** Bei der Bewältigung ihres Aufgabenbereiches zeigte sie keinerlei Unsicherheiten. **( )** In ihrem Arbeitsbereich hat sie sich engagiert eingearbeitet. Bei personellen Engpässen und anderen Anlässen übernahm sie immer zusätzliche Aufgaben. **( )** Die Qualität ihrer Arbeit genügte hohen Ansprüchen. **( )** Die Aufgaben ihrer Position hat sie zu unserer vollen Zufriedenheit erfüllt und unseren Anforderungen in jeder Hinsicht entsprochen. **( )**

⊙ *Weiter bei M, Seite 155.*

L2 Frühzeitig aus dem Arbeitsvertrag

„Aber denken Sie daran, wie teuer und langwierig ein Stellenbesetzungsverfahren ist, Frau Lorenz?!" Diese Worte hallen Susanne noch Stunden nach dem Telefonat mit ihrem Vorgesetzten durch den Kopf. Nach zwei Tagen reiflicher Überlegung ist Susanne Lorenz zu der Entscheidung gekommen, Frau Hollerbach frühzeitig aus dem Arbeitsvertrag zu entlassen. Momentan arbeitet das gesamte Team an der Aktualisierung der Online-Datenbank und der Vorbereitung einer außerplanmäßigen Kundenbefragung. Alle haben bereits reichlich Überstunden angesammelt. Den Verlust von Frau Hollerbachs Arbeitsleistung und Know-how würde das Team nur schwer verkraften. Und darüber hinaus hat ihr Herr Hoffmann angedeutet, dass eine Neubesetzung der Stelle zurzeit fraglich sei. „Die Geschäftsführung ist da momentan sehr restriktiv", so Hoffmann.

Dennoch: Susanne ist sich sicher, dass es sinnvoller ist, Frau Hollerbach frühestmöglich aus dem Arbeitsvertrag zu entlassen. Die Diplom-Psychologin hat sich über die gesamte Zeit immer voll und ganz eingebracht. Nun möchte sie Sabine Hollerbach bei ihrer beruflichen Neuorientierung keine Steine in den Weg legen. Und Hand aufs Herz: Wie gut arbeitet eine Mitarbeiterin in den letzten Tagen und Wochen, wenn sie sich innerlich schon verabschiedet hat?

„Nach Abzug Ihrer restlichen Urlaubstage und der Überstunden kann ich Sie rein vertraglich frühestens in sieben Wochen gehen lassen. Da Ihnen das hinsichtlich der Stelle in Hamburg nicht weiterhilft, habe ich mich informiert und kann Ihnen Folgendes anbieten." Susanne schlägt Frau Hollerbach vor, einen Aufhebungsvertrag mit KESS abzuschließen. Für beide Parteien ist der Abschluss eines Aufhebungsvertrags – nach der Eigenkündigung von Sabine Hollerbach als Arbeitnehmerin – die rechtlich sicherste Möglichkeit, das Arbeitsverhältnis zu beenden. „Somit könnten Sie gleich zu Beginn des kommenden Monats, also in drei Wochen, in Hamburg ihren neuen Job antreten. Was halten Sie davon?" Frau Hollerbach freut sich über die positive Unterstützung durch Frau Lorenz. Die beiden pragmatischen Frauen einigen sich auf den Abschluss eines Aufhebungsvertrags. Darin vereinbaren sie, dass Sabine nur noch bis Ende des Monats in Schwerin beschäftigt sein wird. Aber Susanne mahnt eindringlich: „Aber bis dahin erwarte ich von Ihnen vollen Einsatz!“

In den kommenden drei Wochen arbeitet das gesamte Team unter Hochdruck. Zudem ist Susanne vor allem darauf bedacht, den Know-how-Verlust durch den Weggang von Frau Hollerbach auf ein Minimum zu begrenzen. Über das „normale“ Arbeitspensum hinaus fallen daher unzählige Zusatzaufgaben für alle Teammitglieder an, damit der Wegfall eines Teammitglieds in drei Wochen so gut wie möglich aufgefangen werden kann.

Vierzehn Tage später, als Sabine Hollerbach schon ihre Zelte in Hamburg aufgeschlagen hat, klopft es an Susannes Bürotür. „Frau Lorenz, kann ich Sie bitte kurz unter vier Augen sprechen?“, fragt Sophie Müller. „Aber klar doch. Kommen Sie rein. Nehmen Sie Platz“, antwortet Susanne und legt ihre Unterlagen beiseite. „Worum geht's denn, Frau Müller?“ Die Teamassistentin fängt zögerlich an zu erzählen, was ihr auf dem Herzen liegt. „Sie wissen ja, dass ich eigentlich nur in Teilzeit eingestellt bin – wegen meiner kleinen Tochter.“ „Ja, das ist mir bekannt“, antwortet Susanne verdutzt. Die junge Mutter erläutert weiter, dass sie seit Frau Hollerbachs Kündigung und speziell seit ihrem Weggang vor knapp zwei Wochen, durchschnittlich drei Stunden mehr pro Tag arbeitet, um alle anfallenden Aufgaben zu erledigen. Und dies ginge nicht nur ihr so. „Auch Herr Zielinski und Herr Kaiser arbeiten über ihrem Limit“, erläutert die junge Mutter mit Nachdruck. Nachdem Frau Müller ihre überdimensionale Arbeitsbelastung näher erläutert und das Büro verlassen hat, hadert Susanne mit sich selbst. In Anbetracht des personellen Engpasses und des Termindrucks scheinen die verbliebenen Teammitglieder bis an ihre Leistungsgrenzen zu arbeiten. Um einen genauen Überblick über die Sachlage zu erhalten, setzt sie für den nächsten Morgen eine Teamsitzung an. Zu ihrem Bedauern bestätigen Herr Kaiser und Ronny Zielinski die Schilderungen von Sophie Müller. Susanne gibt sich daraufhin die größte Mühe, die drei Mitarbeiter zu motivieren. „Es sind nur noch drei Wochen bis zur Deadline. Danach nehmen wir uns alle einen Tag Sonderurlaub. Wir schaffen das schon. Und ich verspreche Ihnen, dass ich schnellstmöglich einen Ersatz für Frau Hollerbach finde, um Sie zu entlasten.“

Nachdem dies geschafft ist, ist Susanne klar: Die offene Stelle muss dringend neu besetzt werden. Zu dritt sind die anstehenden Projekte nicht zu stemmen.

⊙ *Weiter bei M, Seite 155.*

Aufgabenbox

Bevor Sie weiterlesen: Wie hätte unsere Protagonistin Susanne Lorenz das Team kurzfristig personell unterstützen können? Welche Möglichkeiten kennen Sie, um Personalbedarf kurzfristig zu decken? Machen Sie sich doch einmal Gedanken und entwickeln Sie drei Ideen. Schreiben Sie diese hier auf!

M Susanne kämpft

„Danke für Ihren Beitrag, Herr Zielinski. Ihre Vorschläge hören sich sehr konstruktiv an. Ich freue mich auf die Umsetzung." Susanne Lorenz schließt mit diesen Worten den organisatorischen Teil des wöchentlichen Montagsmeetings. „Gibt es noch einen Punkt, der zu besprechen wäre?" Stefan Kaiser, Ronny Zielinski und Sophie Müller schütteln teilnahmslos die Köpfe. Die drei wirken auf Susanne recht erschöpft, obwohl erst Montagvormittag ist. Seit Frau Hollerbach gekündigt hat, sammelt das gesamte Team, Susanne mit einbezogen, weiterhin ordentlich Überstunden. Der Zeitplan der Kampagne muss eingehalten werden, das ist allen bewusst. Und zwei Groß-Events für Ostdeutschland, die „BauMa Promotion Days" in Schwerin und Berlin, müssen noch organisiert werden. Jeder im Team weiß, wie viel Arbeit das ist. Susanne selbst schiebt Nachtschicht über Nachtschicht ein, um ein Konzept für die nächste Fußball-WM-Promotion zu entwickeln, das sie in zwei Wochen in Köln präsentieren muss. Vom Erfolg der Teamleistung hängt nicht nur Susannes berufliche Zukunft ab. Dennoch bleibt derzeit nicht nur das Tagesgeschäft auf der Strecke.

„Ich bin sehr zufrieden mit Ihrer Arbeit und danke für die Einsatzbereitschaft, vor allem in den vergangenen Wochen." Susanne Lorenz schaut bei diesen Worten jeden Einzelnen mit einem Lächeln an. „Wir wissen alle, dass das Ausscheiden von Frau Hollerbach ein tiefes Loch in unser Team gerissen hat. Unsere Arbeit ist trotz aller Mühen auf Dauer kaum zu bewältigen", spricht die junge Frau weiter. „Das kann man wohl sagen", murmelt Stefan Kaiser vor sich hin. „Wie Sie wissen, habe ich zeitgleich mit Frau Hollerbachs Kündigung die Neubesetzung der Stelle beantragt. Kurz vor unserem heutigen Meeting habe ich einen Anruf von Herrn Hoffmann erhalten." Alle sechs Augen sind hoffnungsvoll auf Susanne gerichtet. „Leider habe ich keine positive Rückmeldung erhalten. Zurzeit herrscht völliger Einstellungsstopp." Unruhe entsteht. „Das gibt's doch nicht!", platzt es Ronny Zielinski heraus. Sophie Müller, die die vergangenen Wochen ihre vierjährige Tochter Stella, trotz Teilzeitvereinbarung, nur noch abends gesehen hat, sackt mit einem resignierten Gesichtsausdruck in sich zusammen. Susannes größte Befürchtung ist Realität geworden. Ohne eine zusätzliche Arbeitskraft, mit dem Know-how von Sabine Hollerbach, steht der Teamerfolg auf der Kippe. Keinesfalls will Susanne noch ein weiteres Mitglied ihres Teams, dieses Mal wegen Arbeitsüberlastung, verlieren.

„Ich bin auch unzufrieden mit dieser Situation. Und nicht zuletzt deshalb werde ich mich energisch dafür einsetzen, dass wir so schnell wie möglich tatkräftige Unterstützung erhalten. Schon morgen habe ich einen Termin für ein klärendes Gespräch mit Hoffmann, der wegen verschiedener Termine nach Schwerin anreist." Die Teamleiterin entlässt mit diesen Worten ihre Mitarbeiter in die bevorstehende Arbeitswoche. Sie hofft, ihren Standpunkt deutlich genug klargemacht zu haben und ihr Team beim nächsten Meeting mit besseren Nachrichten überraschen zu können. Im Laufe des Tages bereitet sie sich auf das anstehende Gespräch mit ihrem Vorgesetzten vor. Sie notiert sich neben den geleisteten Überstunden schlagende Argumente für die notwendige Neubesetzung der offenen Stelle. „Ich muss ihn davon überzeugen, dass wir dringend Unterstützung brauchen!"

Gerd Hoffmann hat sich immer wieder als fachkundiger und wohlwollender Mentor herausgestellt. Susanne ist gespannt, ob er auch dieses Mal ein offenes Ohr für ihre Belange hat. Sie zählt auf seine Unterstützung und hofft, dass sie ihn mit ihrer Argumentation von der Notwendigkeit einer Neubesetzung überzeugen kann. Angespannt macht sie sich am folgenden Tag um viertel vor elf auf den Weg in den Besprechungsraum. Sie wird schon erwartet. „Setzen Sie sich, Frau Lorenz." Wie immer nimmt sich Hoffmann Zeit für die Belange seiner Nachwuchsführungskraft und bietet ihr einen Platz an.

Herr Hoffmann deutet auf Susannes Unterlagen, die sie mitgebracht und bereits vor sich ausgebreitet hat. „Ja, Herr Hoffmann. Es ist auch eine äußerst dringende Angelegenheit, in der ich auf Ihre Unterstützung angewiesen bin." Susanne spricht ohne Umschweife die derzeitige Situation in ihrem Team an. „Die Überstunden belaufen sich nach nur fünf Wochen auf durchschnittlich fünfzehn Stunden pro Mitarbeiter und Woche. Diese Situation ist absolut nicht tragbar." Sie verweist auf die schriftliche Aufstellung, die sie Herrn Hoffmann über den Tisch reicht. „Nicht dass sie mich missverstehen. Jedes Teammitglied kann sich mit seinen Aufgaben identifizieren und ist ebenfalls bereit, Überstunden zu leisten, um die Projekte erfolgreich voranzutreiben. Seit Frau Hollerbach gekündigt hat, sind alle an ihren Aufgaben gewachsen. Doch die Leistungsfähigkeit ist physisch und psychisch begrenzt. Wir sind bereits an unsere Grenzen gestoßen", beschreibt Susanne weiter. Gerd Hoffmann hört ihr aufmerksam zu. Er selbst hat am Anfang seiner beruflichen Laufbahn eine vergleichbare Situation meistern müssen. Daher kann er die Argumentation seiner agilen Führungskraft sehr gut nachvollziehen. „Herr Hoffmann“, Susanne macht eine kurze Pause, „das nunmehr fehlende Know-how von Frau Hollerbach hat eine Lücke in meinem Team hinterlassen. Das Team befindet sich in einem Ungleichgewicht. Die vakante Stelle sollte aus meiner Sicht und auch aus Sicht der Verwirklichung der Bereichsziele schnellstmöglich neu besetzt werden.“ Susanne wartet auf eine erste Reaktion seitens ihres Vorgesetzten. Dieser geht nochmals die vorliegende Aufstellung der Überstunden durch.

„Frau Lorenz, ich habe vollstes Verständnis für Ihre Situation und die Bitte, die Stelle neu zu besetzen. Ich bin mehr als überzeugt davon, dass Sie, bevor Sie mich aufsuchen, die Situation ihres Teams genauestens analysiert und nach geeigneten Alternativen gesucht haben. Ich bin jedoch leider Gottes in der aktuellen Angelegenheit nicht der Entscheidungsträger.“ Mit diesem Satz hatte Susanne gerechnet. Daher hat sie sich bis spät in die Nacht hinein die Mühe gemacht, die Anforderungsprofile und die aktuellen Mitarbeiterprofile gegenüberzustellen. In der Hoffnung, ihr Gegenüber mit der klaffenden Lücke zwischen den Soll- und Ist-Profilen zu überzeugen, überreicht sie die Unterlagen ihrem Vorgesetzten. „Mir ist bewusst, dass Sie sich nicht über die Entscheidung eines Einstellungsstopps hinwegsetzen können. Ich bitte Sie jedoch, die vorliegenden Unterlagen zur Kenntnis zu nehmen. Frau Hollerbachs Ausscheiden kann nur aufgefangen werden, indem wir einen adäquaten Mitarbeiter für die vakante Stelle gewinnen. Kein Teammitglied verfügt über eine vergleichbare Ausbildung und die Erfahrung Frau Hollerbachs.“

Während Susanne Lorenz die Kernpunkte ihrer Ausarbeitung zusammenfasst, überfliegt Hoffmann die Profile der verbliebenen drei Teammitglieder. Die junge Frau hat recht. Obwohl jeder der Angestellten über eine gute Ausbildung verfügt, besitzt keiner der drei die Fähigkeiten, die das Team komplettieren würde. Susanne schweigt in der Zeit, in der ihr Gegenüber interessiert die Unterlagen studiert. „Frau Lorenz, wie gesagt bin ich in Punkto Neubesetzung bzw. Aufhebung des Einstellungsstopps nicht der Entscheidungsträger. Mich überzeugt aber Ihre Argumentation und die Aufstellung der Fakten.“ Ein leichtes Lächeln huscht über Susannes Gesicht. „Mein Vorschlag: Ich werde die Geschäftsführung um einen Gesprächstermin bitten. Bis dahin haben Sie Zeit, Ihre Argumente nochmals zu strukturieren und Ihre Unterlagen professionell aufzubereiten. Ich kann Ihnen zwar nicht versprechen, dass dies zum Erfolg führt, aber Sie erhalten eine realistische Chance.“ Susanne ist zufrieden mit diesem Gesprächsergebnis, bedankt sich und eilt zurück in ihr Büro. Ein wenig mulmig wird ihr bei dem Gedanken, ihr Anliegen vor der Geschäftsführung vorzutragen, aber sie sieht es als die beste Möglichkeit, ihrem Team den Rücken zu stärken. Am Freitag der gleichen Woche teilt Herr Hoffmann ihr telefonisch den alles entscheidenden Gesprächstermin mit. Am Donnerstag der kommenden Woche ist es soweit. Bis dahin hat sich Susanne Lorenz noch einiges vorgenommen. „Vorbereitung ist die halbe Miete“, den Satz hat ihr damaliger Professor ihr immer wieder vorgebetet.

Der Donnerstag kommt schneller, als Susanne lieb ist. Die Nervosität steigt von Tag zu Tag. Sogar nachts träumt sie von dem Termin bei der Geschäftsleitung. In der Studienzeit hatte Susanne in fast jedem Semester eine Präsentation vorzubereiten, oder es standen mündliche Prüfungen an. Auch die ersten Präsentationen und Vorträge im Berufsleben hat sie gut gemeistert. Dieses Mal muss sie jedoch nicht nur sich selbst, sondern noch drei weitere Personen, ihr Team, gut vertreten. „Du machst das schon!“, spricht sie sich zehn Minuten vor dem Gespräch gut zu. Ein letzter Blick in den Spiegel auf der Damentoilette. Auf dem Weg zum Besprechungsraum geht sie geistig die wichtigsten Argumente durch. Dann ist es soweit. Hoffmann, der Geschäftsführer, Herr Kess sowie seine Assistentin, Frau Weber, erwarten sie bereits. Innerlich ist Susanne angespannt wie nie.

Nach einer halben Stunde schütteln sich alle Beteiligen zum Abschied die Hände. „Ich danke Ihnen für die detaillierte Schilderung des Personalbestandes in der Marketingabteilung, Frau Lorenz“, bedankt sich Herr Kess. „Ich werde mich in den kommenden Tagen eingehend damit beschäftigen. Sie können dann Ende kommender Woche mit einer Entscheidung meinerseits rechnen.“ Susannes Anspannung ist von ihr abgefallen, und sie hat ihre übliche Professionalität im Laufe der Besprechung wiedergefunden. „Ich habe ebenfalls zu danken, Herr Kess. Ich freue mich, dass Sie sich die Zeit genommen haben und offen für die Belange der Abteilung sind. Ich freue mich über eine positive Rückmeldung.“

Ronny Zielinski, Stefan Kaiser und Sophie Müller sind gespannt, was das Gespräch mit Herrn Kess gebracht hat. Aufmerksam hören die drei Susanne Lorenz zu, als diese vom Gespräch des Vortages erzählt. „Die Geschäftsleitung wird uns Ende nächster Woche von ihrer Entscheidung in Kenntnis setzen. Jetzt heißt es Daumen drücken! Ich habe ein gutes Gefühl!“, schließt Susanne ab. Die Tage bis zur Entscheidung scheinen für das gesamte Team unendlich. Die Hoffnung auf die Neubesetzung ist das beherrschende Thema in den Mittagspausen. An den langen Abenden im Büro wird nochmals deutlich, wie die derzeitige Arbeitssituation das Team auch zwischenmenschlich belastet. Susanne hat Frau Müller die vergangenen Nachmittage früher nach Hause geschickt, damit sie mit ihrer kleinen Tochter Stella etwas unternehmen kann. Kaiser und Zielinski fühlen sich durch Susannes Handeln im Nachteil. „Wir haben auch unsere Hobbys, auf die wir derzeit verzichten“, so der fußballbegeisterte Zielinski. „Ein Kind ist doch kein Hobby, sondern eine Verpflichtung“, entgegnet Sophie Müller. „Bundesligaspiele werden auch nicht live wiederholt“, trotzt Stefan Kaiser. Susanne muss immer wieder schlichten. „Hoffentlich gibt es bald eine Entscheidung!“, geht ihr Donnerstagabend auf dem Nachhauseweg durch Kopf. Susanne öffnet, zu Hause angekommen, die Tür und freut sich auf einen entspannten Abend.

„Das ist ja fabelhaft! Ja, das werde ich umgehend veranlassen. Vielen Dank. Ja, Ihnen auch ein angenehmes Wochenende, Herr Kess." Susanne legt den Telefonhörer auf. Freudig geht sie zu den Kollegen. „Das Warten hat sich gelohnt! Die Neubesetzung ist durch!" Die Freude im Team ist riesig. Zwar heißt das noch lange nicht, dass ab kommende Woche die Überstunden passé sind, aber alle wissen nun, dass das Team bald die notwendige personelle Unterstützung bekommt. Auf die junge Nachwuchsführungskraft werden in den nächsten Wochen viele neue berufliche Herausforderungen zukommen. Das gesamte Stellenbesetzungsverfahren hat durch das „OK" der Geschäftsführung den Startschuss erhalten. Stellenanzeige, Bewerbungsunterlagen checken, Absagen formulieren, Vorstellungsgespräche terminieren und durchführen, etc. "Nicht unanstrengend, aber spannend!", mit diesem Gedanken schließt Susanne diese aufregende Arbeitswoche ab.

⊙ *Die Bestandteile eines Stellenbesetzungsverfahrens können Sie in der nachfolgenden Infobox nachlesen.*

Infobox

Stellenbesetzungsverfahren
Jede Personalauswahl ist eine bedeutende Investition für das Unternehmen. Die Einstellung eines Mitarbeiters kostet häufig 10.000 bis 30.000 €, bis das volle Leistungsvermögen erreicht ist. Zugleich ist jede Personalentscheidung auch eine langfristige Investition in die Wettbewerbsfähigkeit des Unternehmens. Umso wichtiger ist es, von Beginn an die richtigen Mitarbeiterinnen und Mitarbeiter zu finden, diese professionell einzuarbeiten und zu fördern. Daher ist es sinnvoll, den Prozess der Stellenbesetzung zu steuern und Personalentscheidungen zu optimieren.

Ein professionelles Stellenbesetzungsverfahren baut auf folgenden fünf Schritten auf:

1. Schritt: Entwicklung des Anforderungsprofils

Zuerst sollten die Anforderungen der Tätigkeit umfassend und verständlich beschrieben werden. Zugleich muss die Planstelle meist intern genehmigt und vom Betriebsrat (sofern vorhanden) bewilligt werden.

2. Schritt: Vorauswahl

Anhand der schriftlichen Bewerbungsunterlagen findet eine Vorauswahl statt, die sich an Muss-, Soll- und Kann-Kriterien des Anforderungsprofils orientiert. Zusätzlich sind organisatorische Vorbereitungen für die Vorstellungsgespräche zu treffen.

3. Schritt: Das Vorstellungsgespräch

Mit dem Vorstellungsgespräch werden mehrere Ziele verfolgt. Aus Sicht des Unternehmens dient das persönliche Gespräch der Ermittlung von Informationen, der Überprüfung der schriftlichen Bewerbungsunterlagen und dem Abgleich der Zielvorstellungen. Aus Sicht der Bewerber eröffnet das Gespräch die Möglichkeit, das Unternehmen persönlich kennenzulernen sowie das Aufgabengebiet und andere Details zu erfragen. Das Vorstellungsgespräch stellt somit eine elementare Entscheidungsgrundlage für beide Seiten dar.

4. Schritt: Die Entscheidung

Im Rahmen des Bewerberinterviews sollten grundsätzlich Beobachtung und Bewertung getrennt werden. Nach dem Gespräch kann die Beobachtungsphase abgeschlossen werden und eine Bewertung der gesammelten Informationen stattfinden. Sind mehrere Personen in den Entscheidungsprozess eingebunden, steigert das meist die Qualität der Bewerberauswahl.

5. Schritt: Vertragsgestaltung und Einarbeitung

Das Vertragsangebot wird im letzten Schritt wiederum mit dem Betriebsrat abgestimmt und im Idealfall vom Bewerber akzeptiert. Einarbeitung und Probezeit gehören zum Einstellungsvorgang und müssen deshalb ebenso professionell geplant und durchgeführt werden.

Der zukünftige Mitarbeiter soll das Team komplettieren und sinnvoll ergänzen. „Jeder Neuanfang ist auch eine Chance“, murmelt Susanne vor sich hin, während sie an diesem Tag ihre sieben Sachen zusammenpackt und in den Feierabend schlendert. Für den Abend hat sie sich vorgenommen, sich das Anforderungsprofil für die Stelle noch einmal anzuschauen...

Aus ihrer Personalmanagement-Vorlesung an der Fachhochschule Köln hat Susanne ein Muster-Anforderungsprofil, das sie mit Schwung und Elan ausfüllt. Sie merkt dabei, dass es überhaupt nicht einfach ist, ein solches „realistisches Idealprofil“, wie ihr Professor immer zu sagen pflegte, zu erstellen.

⊙ *Erstellen Sie selbst doch einmal ein Anforderungsprofil für die Stelle der Marketingmitarbeiterin anhand der nachfolgenden Vorlage.*

Anforderungsprofil/Eignungsprofil

Position: Name des Bewerbers: Abteilung: Führungskraft:		
1. Ausbildung	***Soll***	***Ist***
Hauptschulabschluss ☐ mit guten Noten ☐ sehr guten Noten ☐ Noten unwichtig	☐	☐
Realschulabschluss ☐ mit guten Noten ☐ sehr guten Noten ☐ Noten unwichtig	☐	☐
Abitur mit Notendurchschnitt von mind.	☐	☐
Hauptschulabschluss mit abgeschlossener Lehre als	☐	☐
Realschulabschluss mit abgeschlossener Lehre als	☐	☐
Abitur und abgeschlossene Lehre als	☐	☐
Fachschulabschluss (Techniker, Meister etc.) als	☐	☐
Fachhochschulabschluss als	☐	☐
Hochschulabschluss als	☐	☐
Promotion	☐	☐
Sonstiges (MBA etc.)	☐	☐

2. Berufserfahrung		***Soll***	***Ist***
als	in Jahren:	☐	☐
als	in Jahren:	☐	☐
als	in Jahren:	☐	☐
als	in Jahren:	☐	☐
als	in Jahren:	☐	☐

3. Zusätzliche Kriterien				***Soll***	***Ist***
Alter: zwischen und				☐	☐
Führerschein				☐	☐
Sonstiges:				☐	☐
4. Erforderliche Spezialkenntnisse	**Anforderungen (Soll)**				**O**
	Eignung (Ist)				×
	niedrig			hoch	
Bitte beachten Sie dabei die Stellenbeschreibung – soweit verfügbar!	**1**	**2**	**3**	**4**	**5**
Sprachkenntnisse	**1**	**2**	**3**	**4**	**5**
EDV-Kenntnisse	**1**	**2**	**3**	**4**	**5**
5. Persönlichkeits- und Verhaltensanforderungen	niedrig			hoch	
Bitte beachten Sie den Kriterienkatalog: **Nur die fünf wichtigsten Anforderungen**	**1**	**2**	**3**	**4**	**5**

Bewertung:
O Geeignet für diese Position
O Eingeschränkt geeignet, weil ...
O Nicht geeignet, weil ...
O Evtl. interessant für Position:

ANHANG: Anforderungs-/Eignungsprofil

Kriterienkatalog Beispiele für Persönlichkeits- und Verhaltensanforderungen (siehe 5.)

Auffassungsgabe
Belastbarkeit
Durchsetzungsvermögen
Anpassungsfähigkeit
Einsatzbereitschaft
Ausdrucksvermögen
Lernbereitschaft
Eigeninitiative
Kreativität
Auftreten
Gute Umgangsformen
Teamfähigkeit
Entscheidungsstärke
Kontaktfähigkeit
Flexibilität
Initiative
Mobilität
Verantwortungsbewusstsein
Verhandlungsgeschick
Sorgfalt und Gründlichkeit

Skalierung für Anforderungen

1	2	3	4	5
nicht erforder-lich	wünschenswert	sollte vorhanden sein	notwendig	absolut erforderlich

Skalierung für Eignung

1	2	3	4	5
nicht vorhanden	gering	mittelmäßig	gut	sehr gut

N Auf der Suche

Seit nunmehr zwei Monaten ist die Stelle von Sabine Hollerbach unbesetzt. Wie vom Betriebsrat in Schwerin gefordert, hat Susanne Lorenz die frei gewordene Stelle vorerst intern ausgeschrieben. Mit dem Resultat ist sie jedoch wenig zufrieden. Auf die interne Stellenausschreibung hat sich bisher nur ein Kollege gemeldet. Susanne studiert dessen Personalakte: Sebastian Zimmerer, 28 Jahre alt, derzeit in der Berliner Filiale tätig. „So weit, so gut.“ Sie liest weiter: Ausbildung zum Werbekaufmann bei einer renommierten Agentur in der Bundeshauptstadt. Danach wurde er übernommen und arbeitete noch drei Jahre in seinem Ausbildungsbetrieb. Seit zwei Jahren ist er bei der KESS BauMa GmbH als Mitarbeiter im Marketing angestellt. Aus den Mitarbeiterbeurteilungen der vergangenen zwei Jahre geht hervor, dass der Berliner sich stets einsatzbereit und lernwillig zeigte. Seine Zielvereinbarungen hat er beide Male erfüllt. Des Weiteren scheint er ein Teamplayer zu sein, und ihm werden Kommunikations- und Organisationstalent bescheinigt. Frau Lorenz lehnt sich zurück und denkt nach. Gerne würde sie dem jungen Kollegen eine Chance geben, aber Hoffmann war wenig begeistert von dieser Idee und möchte den Kollegen lieber in Berlin belassen. „Schminken Sie sich den Zimmerer ab. Der soll mal in Berlin bleiben. Das habe ich mit dem Niederlassungsleiter dort schon geklärt. Bitte suchen Sie per Anzeige einen neuen Mitarbeiter.“ Susanne fand diese Art etwas schnippisch, muss sich aber damit abfinden, dass es wohl politische Gründe gibt, den internen Bewerber nicht zu berücksichtigen.

„Schade, dass ich Sabine nicht klonen kann. Einen Ersatz für sie zu finden, wird schwieriger, als ich mir vorgestellt habe.“ Schweren Herzens schreibt Frau Lorenz die Absage. Es ist das erste Mal, dass sie diese Aufgabe übernehmen muss. In ihrem Studium an der Fachhochschule hat sie zwar fleißig die Schritte des Bewerbungsprozesses gepaukt, aber das Gelernte erstmalig in der Praxis umzusetzen, da reagiert sie noch zögerlich. Nach der Mittagspause teilt sie telefonisch dem Betriebsratsvorsitzenden, Volker Weise, ihre Entscheidung mit. „Ja, ich werde Ihnen eine schriftliche Begründung meiner Ablehnung zusenden, Herr Weise.“ Noch am selben Tag formuliert Susanne Lorenz den Text für die externe Stellenausschreibung. Als Hilfestellung und um die wichtigsten Details nicht aus den Augen zu verlieren, legt sie sich das Anforderungsprofil neben ihr Laptop. Am späten Nachmittag hat Susanne die Stellenanzeige ausformuliert. Da sie gerade bei ihrer ersten Ausschreibung nichts falsch machen möchte und vier Augen bekanntlich mehr sehen als zwei, möchte Susanne den Text gegenlesen lassen. So mailt sie ihren Entwurf einer ehemaligen Studienkollegin, die mittlerweile als Wirtschaftsjuristin bei einer Bonner Kanzlei beschäftigt ist, zu.

Die KESS BauMa GmbH ist einer der größten Baumarktketten in Deutschland. Mit einem Umsatz von ca. 350 Millionen Euro p.a. nimmt sie eine Spitzenposition unter den Baumarktgruppen ein. Rund 3500 Mitarbeiter tragen zu diesem Erfolg bei. Die KESS BauMa GmbH expandiert derzeit deutschlandweit. Weitere Informationen über unser Unternehmen finden sie unter www.kess-bauma.de

Für unser junges Team in der Abteilung Marketing suchen wir am Standort Schwerin zum nächst möglichen Zeitpunkt eine/-n

Mitarbeiter/-in im Marketing

Ihre Aufgaben
In dieser Position sind Sie für die Planung, Durchführung und Evaluierung aller relevanten Marketing-Aktivitäten wie z.B. Anzeigen, Broschüren, Megaposter, Mailings, Internet, Messen etc. verantwortlich mit dem Ziel, unser Unternehmen am Standort Schwerin erfolgreich aufzustellen.

Ihr Profil
Sie können nach einem abgeschlossenen Studium (Wirtschaftswissenschaft, Kommunikationswissenschaft, Psychologie) bzw. einer vertriebsorientierten kaufmännischen Ausbildung bereits erste Berufserfahrung in diesem Bereich vorweisen. Idealerweise verfügen Sie über Marketing Know-how und haben Ihre Berufserfahrung entweder in einer Agentur gesammelt oder Sie waren mit dem Thema Auf- und Ausbau von Betriebsstrukturen betraut. Sie zeichnen sich durch überzeugendes Auftreten, Eigeninitiative und Organisationsvermögen aus. Ihre Arbeitsweise ist durch Ihre Selbstständigkeit, Ihr Verantwortungsbewusstsein sowie Ihre Qualitätsorientierung geprägt. Sie haben Freude an der Arbeit in unserem jungen Team und sind für Ihre Kollegen ein kompetenter Ansprechpartner. Kreativität und Kritikfähigkeit runden Ihr Profil ab. Der souveräne Umgang mit MS-Office, sowie Intranet/Internet ist für Sie selbstverständlich.

Wir bieten
Ihnen ein interessantes und abwechslungsreiches Aufgabengebiet in einem kleinen Team, mit der Möglichkeit kreativ und eigenverantwortlich zu arbeiten, sowie aktive Unterstützung für Ihre persönliche und fachliche Weiterentwicklung.

Bitte richten Sie Ihre Bewerbung mit Lichtbild unter Angabe Ihrer Gehaltsvorstellung sowie des frühestmöglichen Eintrittstermins an:

Kess BauMa GmbH
z.Hd. Susanne Lorenz
Musterstr. 13
15755 Schwerin

oder nutzen Sie die Möglichkeit der Bewerbung per E-Mail:
Bewerbung@kess-bauma.de

Aufgabenbox

Was denken Sie? Würden Sie Susanne ein positives oder negatives Feedback zu diesem Entwurf der Stellenanzeige geben? Erfassen Sie bitte einige Pro- und Contra-Merkmale:

PRO: ______________________________

____

____

CONTRA: ______________________________

____

____

In der Zeit, in der Susanne auf eine Rückmeldung wartet, holt sie sich einen Tee. Eine halbe Stunde später klingelt das Telefon. „Hallo Susanne, wie geht's dir?“, meldet sich die junge Wirtschaftsjuristin Claudia am anderen Ende der Leitung. „Danke, sehr gut. Und dir? Schön, dass du dich so schnell zurückmeldest“, sagt Susanne. Nach einem kurzen Smalltalk kommt Claudia auf den Grund ihres Rückrufes. „Susanne, deine erste Stellenausschreibung ist dir ganz gut gelungen. Jedoch hast du zwei Riesen-Fehler eingebaut. Hättest du die Ausschreibung so rausgegeben, dann hättet ihr maßgeblich gegen das Benachteiligungsverbot verstoßen. Das heißt, der KESS BauMa GmbH hätten möglicherweise Schadenersatzansprüche ins Haus gestanden. Aber hätte, wäre, wenn... du kannst die Fehler ja noch ausbügeln.“ „Ach du Schreck!“, entfährt es Susanne. „Ein Glück kennst du dich so gut aus. Erzähl mal, was habe ich denn falsch gemacht?“

Claudia legt los: „Das Allgemeine Gleichbehandlungsgesetz soll Benachteiligungen im Beruf verhindern. Arbeitnehmer dürfen wegen ihrer ethnischen Herkunft, ihrer Religion, ihres Geschlechts, ihres Alters oder einer Behinderung nicht diskriminiert werden. Auch Stellenausschreibungen dürfen nicht gegen das Benachteiligungsverbot verstoßen.“

„Ich finde es toll, dass du Dich so gut auskennst. Jetzt raus mit der Sprache. Was habe ich falsch gemacht? Ich dachte, ich hätte alles beachtet.“ „Was sehr gut ist, ist die geschlechtsneutrale Formulierung, also die Nennung der männlichen und weiblichen Berufsbezeichnung. Zwei Formulierungen sind jedoch nicht korrekt. ‚Junges Team’. Mit der Beschreibung kannst du dich richtig in die Nesseln setzen. Der Zusatz ‚jung‘ oder ein vorgegebener Alterskorridor benachteiligen die jeweils ausgeschlossene Altersgruppe unzulässig. Auch eine Festlegung eines Höchstalters ist nur bei bestimmten Berufsgruppen, z. B. Feuerwehrleuten, Piloten, Busfahrern, zulässig." „Also soll ich ‚jung' besser streichen?" „Ja, auf alle Fälle. Zusätze wie ‚Auch für Berufsanfänger' oder ‚Erforderlich ist Berufserfahrung im Bereich XY' sind jedoch zulässig." „Gut zu wissen!"

„Ein anderer Punkt, den du vor der Veröffentlichung korrigieren solltest, ist die Aufforderung, ein Bewerbungsfoto mitzuschicken. In den USA ist es mittlerweile gang und gäbe, Porträtfotos im Lebenslauf nicht zu akzeptieren und entsprechende Bewerbungen auszusortieren. Warum? Das Stichwort ist ‚Chancengleichheit'. Ein Foto liefert massenhaft Anlässe für eine mögliche Diskriminierung. Sympathie und Antipathie schwingen beim Betrachten von Porträtfotos immer mit und können somit die Personalentscheidung beeinflussen. Denn ‚jung' oder ‚alt', ‚hell-' oder ‚dunkelhäutig' – das sind zumindest Kriterien, die aus Fotos ablesbar und im Zweifelsfall justiziabel sind." „Danke für die Erläuterung. Ich werde die Änderungen gleich vornehmen."

„Und", so schließt die Freundin mit einem unsichtbaren Lächeln auf den Lippen, „bitte lass noch jemanden drüberlesen, der die Rechtschreibung perfekt beherrscht. Und KESS wird doch in Großbuchstaben geschrieben, oder?" Susanne ist nicht verwundert, dass die ehemalige Kommilitonin diesen kleinen Seitenhieb noch hinterherschiebt. „Typisch!", entfährt es ihr. „Im Studium hast du mir ja – ebenso wie unser Personal-Prof – diese kleine Schwäche schon immer gerne aufs Brot geschmiert." „Eigentlich hätte ich es ja auch mittlerweile gelernt haben müssen, fehlerfrei zu schreiben", denkt sich Susanne im gleichen Atemzug.

Nachdem eine fehlerfreie und auch juristisch unbedenkliche Anzeige überregional in renommierten Zeitungen sowie auf der Internetpräsenz der KESS BauMa GmbH veröffentlicht wird, gehen über 100 Bewerbungen ein. Anhand des Stellenprofils ist klar, welche Qualifikationen das neue Teammitglied mitbringen sollte. Rational geht die Teamleiterin an die Aufgabe heran. Unsaubere und auf den ersten Blick unpassende Unterlagen legt Susanne gleich zur Seite. Die übriggebliebenen Bewerbungen sieht sie sich genauer an. Teilweise stolpert sie schon in den Anschreiben über Formfehler, teilweise in den Lebensläufen über fehlende Abschlüsse. So sind Dutzende Bewerbungen schnell aussortiert. Sieben Bewerbungen stechen Susannes Meinung nach besonders heraus. Diese möchte sie am morgigen Tag genauer unter die Lupe nehmen. Für heute hat sie noch eine Teamsitzung vor sich, in der die aktuellen Ergebnisse der Vorbereitung auf die Herbst-Kampagne abgestimmt werden sollen.

Die KESS BauMa GmbH ist einer der größten Baumarktketten in Deutschland. Mit einem Umsatz von ca. 350 Millionen Euro p.a. nimmt sie eine Spitzenposition unter den Baumarktgruppen ein. Rund 3500 Mitarbeiter tragen zu diesem Erfolg bei. Die KESS BauMa GmbH expandiert derzeit deutschlandweit. Weitere Informationen über unser Unternehmen finden sie unter www.kess-bauma.de

Für unser junges Team in der Abteilung Marketing suchen wir am Standort Schwerin zum nächst möglichen Zeitpunkt eine/-n

Mitarbeiter/-in im Marketing

Ihre Aufgaben
In dieser Position sind Sie für die Planung, Durchführung und Evaluierung aller relevanten Marketing-Aktivitäten wie z.B. Anzeigen, Broschüren, Megaposter, Mailings, Internet, Messen etc. verantwortlich mit dem Ziel, unser Unternehmen am Standort Schwerin erfolgreich aufzustellen.

Ihr Profil
Sie können nach einem abgeschlossenen Studium (Wirtschaftswissenschaft, Kommunikationswissenschaft, Psychologie) bzw. einer vertriebsorientierten kaufmännischen Ausbildung bereits erste Berufserfahrung in diesem Bereich vorweisen. Idealerweise verfügen Sie über Marketing Know-how und haben Ihre Berufserfahrung entweder in einer Agentur gesammelt oder Sie waren mit dem Thema Auf- und Ausbau von Betriebsstrukturen betraut. Sie zeichnen sich durch überzeugendes Auftreten, Eigeninitiative und Organisationsvermögen aus. Ihre Arbeitsweise ist durch Ihre Selbstständigkeit, Ihr Verantwortungsbewusstsein sowie Ihre Qualitätsorientierung geprägt. Sie haben Freude an der Arbeit in unserem jungen Team und sind für Ihre Kollegen ein kompetenter Ansprechpartner. Kreativität und Kritikfähigkeit runden Ihr Profil ab. Der souveräne Umgang mit MS-Office, sowie Intranet/Internet ist für Sie selbstverständlich.

Wir bieten
Ihnen ein interessantes und abwechslungsreiches Aufgabengebiet in einem kleinen Team, mit der Möglichkeit kreativ und eigenverantwortlich zu arbeiten, sowie aktive Unterstützung für Ihre persönliche und fachliche Weiterentwicklung.

Bitte richten Sie Ihre Bewerbung mit Lichtbild unter Angabe Ihrer Gehaltsvorstellung sowie des frühestmöglichen Eintrittstermins an:

Kess BauMa GmbH
z.Hd. Susanne Lorenz
Musterstr. 13
15755 Schwerin

oder nutzen Sie die Möglichkeit der Bewerbung per E-Mail:
Bewerbung@kess-bauma.de

Aus den sieben favorisierten Bewerbern haben sich – nach intensiver Analyse – zwei erfolgversprechende Bewerber herauskristallisiert. Christian Schaller und Henning Woltermann. Diese erhalten knapp zwei Wochen später eine Einladung zum Vorstellungsgespräch. Vorab hat Susanne Lorenz jedoch noch viel zu erledigen.

Zum einen ist es das erste Mal, dass sie selbst Vorstellungsgespräche führen muss. Zum anderen möchte sie perfekt auf die Gespräche vorbereitet sein, da von der Entscheidung, wer an Frau Hollerbachs Stelle tritt, viel abhängt. Der zukünftige Mitarbeiter soll das Team komplettieren und sinnvoll ergänzen. Immer wieder schaut sich Susanne die Unterlagen der beiden favorisierten Bewerber an. Im Studium hat sie gelernt, Fragezeichen herauszufinden, die im Vorstellungsgespräch überprüft werden müssen.

Christian Schaller
Rosenweg 16
15755 Schwerin
Telefon: 0385.135189
E-Mail: c.schaller@texmail.com

KESS BauMa GmbH
Marketing
Frau Susanne Lorenz
Musterstr. 13
15755 Schwerin

Bewerbung um die Stelle als Mitarbeiter im Marketing

Sehr geehrte Frau Lorenz,

mit Interesse habe ich Ihr Stellenangebot in der Marketing Aktuell gelesen. Sie benötigen einen ehrgeizigen und verantwortungsbewussten Mitarbeiter im Marketing, der nach kurzer Einarbeitungszeit in der Lage ist, eigenverantwortlich Aufgaben aus dem Bereich Marketing zu übernehmen. Die ausgeschriebene Stelle gibt mir die Gelegenheit, meine erworbenen und durch lange Berufstätigkeit gefestigten Kenntnisse in einer neuen Umgebung einzubringen. Ich interessiere mich für einen Beruf, in dem man kreativ und eigenverantwortlich unter wirtschaftlichen Gesichtspunkten arbeiten kann.

Mein Wissen und Können habe ich beim Aufbau und der Umsetzung neuer Marketingkonzepte bei der Multi-Marketing GmbH unter Beweis gestellt. Im Rahmen einer strategischen Unternehmensentwicklung war ich u. a. verantwortlich für ein auf zwei Jahre angesetztes Projekt, das ich mit vollständiger Anwendungsreife erfolgreich abschließen konnte.

Meine Stärken sehe ich in meiner Beharrlichkeit, ein einmal ins Auge gefasstes Ziel zu verfolgen; jetzt brenne ich darauf, mich für Ihr Marketing und die Entwicklung neuer Kampagnen einzusetzen.

Über eine Einladung zu einem persönlichen Gespräch würde ich mich sehr freuen.

Mit freundlichen Grüßen

Christian Schaller

Anlage: Bewerbungsunterlagen

Lebenslauf
Christian Schaller
Rosenweg 16
15755 Schwerin

Telefon: 0385.135189
E-Mail: c.schaller@texmail.com
Geboren am 20.10.1974 in Moers

Ausbildung

03/94 – 05/00	Universität zu Köln Fachrichtung: BWL Schwerpunkt: Marketing 05/00 Abschluss als Diplom Kaufmann
08/92 – 01/94	Zivildienst: Deutscher Caritasverband
08/84 – 06/92	Gesamtschule Niederrhein Allgemeine Hochschulreife

Berufserfahrung

Seit 06/00	Brand Marketing GmbH Tätigkeit als Assistent der Marketingleitung Schwerpunkte: • Vorbereitung von Präsentationen und Marktanalysen • Zusammenführung des Bereichscontrollings • Spezielle Auswertungen zu Absatzzahlen • Überwachung des Corporate Design/Identity • Koordination markenübergreifender Kampagnen
08/97 – 01/00	Multi-Marketing GmbH Tätigkeit als Werkstudent
04/94 – 07/97	Universität zu Köln Tätigkeit als studentische Hilfskraft

Weiterbildung

09/03 – 09/03	Marketing Konzeption
02/01 – 05/01	Marketing- und Vertriebscontrolling
07/00 – 04/01	Business Englisch

Besondere Kenntnisse

Schwerpunkte	Marketing und Werbung Akquisition und Kundenbetreuung Kommunikations- und Verhandlungstechnik Organisation

Fremdsprachen	Englisch fließend in Wort und Schrift
	Französisch gute Kenntnisse
PC-Kenntnisse	Sehr gute MS- Office-Kenntnisse
	Software Merlin 4.0
Führerschein	Klasse 1b
Hobbys und Interessen	
	Trainer der Badminton D- und E-Jugend RTHB Bad Doberan

Christian Schaller

Henning Woltermann
Hauptstraße 4
28759 Bremen
Fon: 0421.313488
Mobil: 0169.9237821
Mail: h.woltermann@wmy.de

KESS BauMa GmbH
Abteilung Marketing
z.Hd. Susanne Lorenz
Musterstr. 13
15755 Schwerin

Bewerbung um die Stelle im Marketing

Sehr geehrte Frau Lorenz,

bei meiner Recherche nach neuen Möglichkeiten, in denen ich meine berufliche Laufbahn fortsetzen könnte, bin ich auf die Homepage Ihres Unternehmens gestoßen. Dort schreiben Sie die Stelle eines Mitarbeiters im Marketing aus. Da mich der umrissene Aufgabenbereich sehr angesprochen hat und auch dem entspricht, was ich bereits heute mache, bewerbe ich mich um die Position.

Ich habe nach Abschluss meiner Lehre als Werbekaufmann an der Universität Bremen BWL mit Schwerpunkt Marketing und Kommunikation studiert und erfolgreich abgeschlossen. Neben meinem Studium habe ich als Werbekaufmann für die Schoehler KG gearbeitet. Seit einigen Jahren bin ich im Marketing, zunächst bei der Sparbank und jetzt in der Reissdorf GmbH & Co. KG, beschäftigt. Dort habe ich an teamgesteuerten Projekten für Kunden mitgearbeitet, wobei der Schwerpunkt im Bereich Marketingkommunikation und Entwicklung integrierter Kommunikationskonzepte für Kampagnen und Einzelmaßnahmen lag. Leider wird mein Arbeitsplatz aus betriebsbedingten Gründen in den nächsten Monaten wegfallen.

Mir ist auch bewusst, dass ein Mitarbeiter im Marketing analytische Fähigkeiten und Engagement besitzen muss, wenn er in diesem Beruf Erfolg haben will. Wie Sie aus meinem Lebenslauf entnehmen können, habe ich in den letzten Jahren auch an Fortbildungsmaßnahmen teilgenommen. Nicht zuletzt diese qualifizieren mich für die von Ihnen ausgeschriebene Stelle.

Meine bisherigen Kenntnisse kann ich für Ihr Unternehmen im Bereich Marketing gewinnbringend umsetzen. Habe ich Ihr Interesse wecken können? Dann freue ich mich, Ihnen in einem persönlichen Gespräch weitere Erläuterungen zu geben.

Mit freundlichen Grüßen

H. Woltermann

Henning Woltermann

Lebenslauf

Zur Person

Henning Woltermann
Hauptstraße 4
28759 Bremen
Telefon: 0385.313488
E-Mail: h.woltermann@wmy.de
Geboren am 25.04.1972 in Bremen
verheiratet, zwei Kinder (8 und 6 Jahre alt)

Schulbildung

08/83 – 06/91	Städt. Gymnasium Bremen Allgemeine Hochschulreife
08/91 – 08/92	Wehrdienst: Bundeswehr
09/92 – 01/95	Berufsausbildung bei Schoehler KG Abschluss als Werbekaufmann
04/95 – 01/00	Universität Bremen Fachrichtung: BWL Schwerpunkt: Marketing und Kommunikation

Beruflicher Werdegang

02/95 – 05/00	Schoehler KG Nebenberufliche Tätigkeit als Werbekaufmann
06/00 – 04/07	Sparbank Bremen Tätigkeit im Marketing und PR
12/07 – heute	Reissdorf GmbH & Co. KG Marketing Manager

Berufliche Weiterbildung

06/02 – 09/02	Professionelle PR-Arbeit (9 Tage)
11/04	Webdesign

Besondere Kenntnisse

Fremdsprachen	Englisch fließend in Wort und Schrift
	Französisch Schulkenntnisse in Wort und Schrift
PC-Kenntnisse	Gängige Office-Anwendungen

Hobbies

Mitglied im Naturschutzbund Deutschland e. V. (NABU)

H. Woltermann

Susanne Lorenz muss sich nun für einen der beiden Bewerber entscheiden. Zu diesem Zweck holt sie noch einmal die Bewerbungsmappen und ihre Notizen aus den Gesprächen mit den beiden Kandidaten hervor. Sie versucht sich vorzustellen, wie sich die beiden wohl im Zusammenspiel mit den übrigen Mitarbeitern machen würden. „Wer passt besser in unser Team?“, fragt sie sich immer wieder.

Susanne versucht in den Gesprächen, Ähnlichkeiten und Unterschiede festzustellen. Nach den Einstellungsinterviews bewertet sie ihre Beobachtungen. Beide Kandidaten waren sehr selbstbewusst, das hatte sie erstaunt festgestellt und sich während der Gespräche sogar das eine oder andere Mal gefragt, ob sie eigentlich nervöser war als ihr Gegenüber. Bei Henning Woltermann missfiel ihr, dass er für seinen derzeitigen Arbeitgeber nicht nur positive Anmerkungen übrig hatte. Im Gegenteil: Susanne konnte an so mancher Stelle durchaus Kritik an Kollegen und Vorgesetzten durchhören. Sie notiert sich anschließend: „Sucht Fehler gern bei Dritten.“

Infobox

Das Vorstellungsgespräch

Um sich auf das Gespräch vorzubereiten, sollte man die elementaren Eckdaten der Bewerber in Form eines Kandidatenprofils zusammenfassen. Zusätzlich sind folgende (organisatorischen) Vorbereitungen zu treffen:

- Haben Sie nicht mehr als max. 4 Gespräche für diesen Tag vereinbart?
- Haben Sie für jedes Gespräch 60 bis 100 Minuten reserviert?
- Ist der Empfang über den Gast informiert?
- Sind die Räumlichkeiten für das Gespräch vorbereitet (Getränke, Sitzordnung, evtl. Hilfsmittel etc.)?
- Haben Sie dafür gesorgt, dass das Gespräch ohne Störungen (Telefon, andere Besucher, fehlende Unterlagen etc.) verlaufen kann?
- Haben Sie sich mit einem weiteren Gesprächspartner über den Gesprächsverlauf und die jeweilige Rolle im Gespräch verständigt und abgestimmt?
- Haben Sie sich vorab noch einmal die Bewerbungsunterlagen angeschaut?

Eine umfassende Vorbereitung auf ein Vorstellungsgespräch ist die Basis für eine optimale Personalauswahlentscheidung. Für die **Struktur des Vorstellungsgespräches** ist folgende Vorgehensweise zu empfehlen:

1. Warming-up und Darstellung des Gesprächsverlaufes
2. Abfrage der beruflichen Biografie und der Wechselmotivation
3. Überprüfung der fachlichen und persönlichen Eignung
4. Informationen über Unternehmen, Arbeitsplatz und Tätigkeit

5. Klärung von Bewerberfragen
6. Vorstellung bzw. Klärung von vertraglichen Konditionen
7. Feststellung des verbleibenden Bewerberinteresses
8. Weiteres Vorgehen und Fahrtkostenerstattung
9. Verabschiedung

Besondere Schwierigkeiten bereitet im Vorstellungsgespräch die Analyse überfachlicher Persönlichkeitskriterien. Fragen in diesem Bereich sollten daher möglichst konkret und prägnant gestellt werden. Fordern Sie z. B. auf, bestimmte Situationen darzustellen und konkrete Verhaltensweisen zu schildern. Die richtigen Fragetechniken können Führungskräfte in speziellen Seminaren lernen.

„Aber wie war das denn bei dem Schaller?“, versucht sie sich zu erinnern. Die Begrüßung war eher zurückhaltend, aber durchaus sympathisch. Sein beruflicher Werdegang ist lückenlos und die Wechselmotivation nachvollziehbar. Christian Schaller gab an, endlich aus der Assistentenrolle raus zu wollen, um mehr in Eigenverantwortung arbeiten zu können. Ein Fragezeichen blieb bei Susanne allerdings. Sie ist sich bis jetzt nicht sicher, ob in ihm ein ähnliches Kreativitätspotenzial schlummert wie bei Sabine Hollerbach. „Dafür bringt er Stärken in anderen Bereichen mit, seine IT-Kenntnisse beispielsweise könnten eine gute Ergänzung für uns sein“, denkt sie sich. Ein wenig enttäuscht war sie dann allerdings, dass Christian Schaller, außer zur Bezahlung, keine weiteren Fragen hatte. An dieser Stelle schien er ihr nicht optimal vorbereitet zu sein.

„Woltermann, klar, er ist erfahren, aber passt der ins Team?“ Dies geht Susanne durch den Kopf, als sie das Gespräch Revue passieren lässt. Die Teamfähigkeit macht Susanne wirklich etwas Sorgen. Allerdings glaubt sie, dass das verbliebene Team stark genug sein dürfte, um auch da etwas Einfluss auszuüben und den Neuling in die richtige Bahn zu bringen. Außerdem blieb Susanne positiv haften, dass Henning Woltermann unglaublich gut auf das Gespräch vorbereitet war. So konnte er nicht nur mit einem ausgeprägten Faktenwissen über die KESS BauMa GmbH glänzen, sondern hatte auch dementsprechend einige Fragen bezüglich der auszuübenden Tätigkeit und der zukünftigen Mitarbeiterschaft auf Lager. Dies imponierte Susanne.

So ganz eindeutig ist die Sache zwischen den beiden Kandidaten noch immer nicht für unsere Chefin, obwohl sie schon einen leichten Favoriten hat.

Was meinen Sie? Können Sie unserer jungen Führungskraft bei ihrer ersten eigenständigen Mitarbeiterauswahl behilflich sein? Vergleichen Sie alle Informationen, die Ihnen zu beiden Bewerbern zur Verfügung stehen. Für welchen Kandidaten würden Sie sich entscheiden?

⊙ *Wenn Sie meinen, Christian Schaller wäre der Bessere, dann lesen Sie weiter bei N1, Seite 179.*

⊙ *Oder sind Sie der Auffassung, Henning Woltermann würde das Marketingteam in Schwerin besser ergänzen? Dann lesen Sie weiter bei N2, Seite 181.*

N1 Christian Schaller macht das Rennen

Ihre Wahl lautet also Christian Schaller. Gut so, auch Susanne kommt nach einiger Zeit des Überlegens zu diesem Eindruck. Sie nimmt den Telefonhörer in die Hand und wählt seine Nummer.

„Schaller."

„Guten Tag, Herr Schaller. Lorenz hier, von der KESS BauMa GmbH in Schwerin, wie geht es Ihnen?"

„Ah ja, Frau Lorenz, schön, dass Sie sich melden. Mir geht's gut, danke."

„Ich habe gute Nachrichten für Sie. Und zwar haben wir uns aus zahlreichen Bewerbern für Sie entschieden. Wir möchten Ihnen die ausgeschriebene Stelle in unserer Marketingabteilung in Schwerin anbieten."

„Das freut mich wirklich sehr, allerdings ... ähm... muss ich Ihnen mitteilen, dass ich vor wenigen Stunden ein Angebot von Mitchell & Johnson angenommen habe und dort zum 1.1. anfangen werde. Daher muss ich Ihnen leider absagen, es tut mir wirklich leid."

„OK, das ist natürlich schade für uns, aber dann gratuliere ich Ihnen zu Ihrer neuen Stelle und wünsche Ihnen viel Erfolg."

„Vielen Dank und auch Ihnen alles Gute."

Susanne hängt den Hörer ein und lässt sich in ihre Rückenlehne zurückfallen. Sie ist etwas enttäuscht. Dann schießt ihr jedoch Folgendes durch den Kopf: „Also, wenn der Schaller jetzt zu Mitchell & Johnson geht, dann zeigt das ja zumindest, dass ich mich da wirklich für einen sehr guten Kandidaten entschieden hatte. Schließlich zählt Mitchell & Johnson zu den absoluten Top-Adressen unter den Marketingagenturen." Sie kann also Christian Schallers Entscheidung verstehen und gewinnt ihrer Niederlage noch etwas Positives ab. Doch was nun?

„Na, da wird mir meine Entscheidung ja abgenommen“, denkt sie sich und wählt die Nummer von Henning Woltermann. Nach einem kurzen Gespräch ist der Bremer Familienvater hocherfreut über diese ihm gebotene Möglichkeit. Sie verabreden einen Termin zur Unterzeichnung des Arbeitsvertrages in Susannes Büro.

⊙ *Weiter bei O, Seite 183.*

N2 Henning Woltermann macht das Rennen

Sie empfehlen Susanne Lorenz, die offene Stelle mit Henning Woltermann zu besetzen? Das sieht die Marketingleiterin anders. Sie entscheidet sich für Christian Schaller, erhält jedoch am Telefon von diesem eine Absage, da er sich dazu entschlossen hat, ein Angebot der zurzeit extrem erfolgreichen Marketingagentur Mitchell & Johnson anzunehmen. Da bleibt ihr nur, bei Herrn Woltermann als „Second-best-Lösung" anzurufen:

„Lea Woltermann."

„Schönen guten Tag. Mein Name ist Susanne Lorenz von der KESS BauMa GmbH. Ich würde gerne mit Herrn Henning Woltermann sprechen."

„Ja gerne, einen Moment bitte."

Susanne Lorenz hört, wie die Sprechmuschel des Telefons verdeckt wird. Trotzdem kann sie genau verstehen, wie die freundlich klingende Frau am anderen Ende der Leitung ganz aufgeregt ihren Mann ruft, um das Telefon zu übergeben.

„Henning Woltermann."

„Ja, guten Tag, Lorenz hier. Ich hoffe, es geht Ihnen gut und ich erwische Sie nicht gerade in einem ungünstigen Augenblick."

„Nein, nein, kein Problem. Ich bin zwar gerade auf dem Sprung zum Zahnarzt, aber den lasse ich auch gerne warten."

„Ja, das kann ich gut verstehen. Ich brauche auch gar nicht viel Zeit, um Ihnen mitzuteilen, dass ich Ihnen gerne unsere ausgeschriebene Stelle anbieten würde, wenn Sie daran noch Interesse haben."

„Na und ob ich das habe! Ich würde sehr gerne für KESS arbeiten."

Susanne hört im Hintergrund die freudig erleichterte Reaktion der Ehefrau. Das erfreut auch die Schweriner Marketingleiterin, und sie kann sich ein Lächeln nicht verkneifen.

„Gut, dann würde ich gerne mit Ihnen noch einen Termin verabreden, damit wir hier vor Ort die Formalitäten erledigen können, und dann entlasse ich Sie auch schon auf den Weg zu Ihrem Zahnarzt. Ich hoffe, die Behandlung wird durch diese positive Nachricht etwas erleichtert."

„Das ganz bestimmt, Frau Lorenz. Vielen Dank."

Der Termin ist schnell gefunden, und Susanne Lorenz ist zufrieden, diesen Vorgang erfolgreich abgeschlossen zu haben. „Der Rest ist ja dann nur noch Formsache", denkt sie sich.

⊙ *Weiter bei O, Seite 183.*

O Henning Woltermann – der Neue

„Ja, dann freue ich mich, Sie ab dem 1. Oktober bei uns begrüßen zu dürfen, Herr Woltermann." Susanne Lorenz reicht ihrem zukünftigen Mitarbeiter bei der Vertragsunterzeichnung die Hand. Sie ist froh, dass alles geklappt hat. Sie hat zwar nicht den Kandidaten bekommen, den sie in erster Linie haben wollte, aber jetzt ist endlich Unterstützung da. „Ich werde Ihre Unterlagen und den Vertrag an die Personalabteilung weiterleiten, und wir sehen uns dann in zwei Wochen. Am besten kommen Sie einfach um acht in mein Büro, und wir klären alles Weitere." „Ich freue mich darauf", entgegnet der gebürtige Bremer. Er wird in den nächsten Tagen einiges zu tun haben. Zunächst einmal wird er sich ein Zimmer oder ein kleines Apartment suchen, denn er wird den Umzug zunächst alleine antreten, bevor dann nach hoffentlich erfolgreicher Probezeit seine Frau mit den Kindern nachkommen wird. So lange wird es zunächst einmal bei einer Wochenendbeziehung des Ehepaars bleiben. Aber das alles sieht er noch nicht als so schwierig an. „Das wird schon werden", denkt er sich, als er das KESS-Gebäude verlässt. Er freut sich, dass er den Job bekommen hat. Zuletzt hatte er in Bremen als Marketing-Manager gearbeitet. Dort war sein Arbeitsplatz nach Umstrukturierungsmaßnahmen aufgelöst worden. Dementsprechend froh ist er, dass er sich und seiner Familie durch diese erfolgreiche Bewerbung den Gang zur Arbeitsagentur ersparen konnte. Er wird mit Beginn seines Arbeitsvertrages hoch motiviert an seinem neuen Arbeitsplatz erscheinen, das nimmt er sich ganz fest vor!

Susanne Lorenz lehnt sich in ihrem Schreibtischstuhl zurück, nachdem sie Herrn Woltermann verabschiedet und nun wieder ihr Büro erreicht hat. Sie lässt die Entwicklung der letzten Monate noch einmal Revue passieren. Der plötzliche Wunsch Sabine Hollerbachs, aus dem Beruf auszusteigen, hatte sie schon sehr überrascht. Sicherlich gab es vorher auch für Susanne erkennbare Vorzeichen, die darauf hindeuteten, dass die Kollegin nicht besonders glücklich war. Die frischgebackene Chefin hatte damals aber eher vermutet, dass es sich dabei vielleicht um eine kurze Schwierigkeit im privaten Bereich handeln könnte und sich das Ganze mit etwas Geduld schon wieder bessern würde. Als für Susanne Lorenz dann klar war, dass sie jetzt einen Nachfolger würde finden müssen, hatte sie sicherlich nicht jemanden wie Henning Woltermann im Kopf gehabt. So richtig glücklich ist sie mit dieser Wahl nicht, aber nach der Absage von Christian Schaller gab es nicht mehr viele gute Alternativen. „Mal sehen, was die Zeit bringt. Vielleicht kann sich der Herr Woltermann ja auch in einem neuen Team ganz gut zusammenreißen und verhält sich dann doch kooperativer als vermutet. Die Zeit wird's zeigen", denkt sie sich. Bis jetzt wissen die Kollegen noch nichts von dem Neuen. Sie wartet kurz einen Moment ab, in dem einmal keiner telefoniert, und tritt in die Mitte des Raumes: „Kurzes Meeting für alle um elf am runden Tisch, bitte." Diese Ankündigung wird von allen mit einem zustimmenden Nicken erwidert.

Elf Uhr: „Ja, liebe Kolleginnen und Kollegen, ich wollte Sie nur kurz davon in Kenntnis setzen, dass ich heute erfolgreich einen neuen Kollegen eingestellt habe, der uns ab dem nächsten Monat bei unserer Arbeit unterstützen wird. Er wird in erster Linie Sabine Hollerbachs Aufgaben übernehmen und sich schwerpunktmäßig auch um die Werbepartner-Betreuung kümmern. Und die eine oder andere zusätzliche Umverteilung kann nicht vollständig ausgeschlossen werden. Das wollte ich schon einmal vorweg sagen. Details erfahren Sie dann am 1.10., wenn der neue Kollege, Henning Woltermann, auch dabei ist. So, das wär's eigentlich für den Augenblick. Alles Weitere dann später."

Unter denen, die Susanne Lorenz zurücklässt, entwickelt sich ein kurzes Getuschel und Gemurmel. „Was soll das denn heißen: die eine oder andere Umverteilung? Ist der Neue ein ganz Toller und übernimmt gleich alle unsere Jobs alleine, oder wie sollen wir das sonst verstehen?" Lediglich Sophie Müller scheint dem Ganzen etwas aufgeschlossener gegenüber zu sein. „Nun seid doch froh, dass endlich eine Entlastung kommt, sonst klagt ihr doch immer nur darüber, wie viel ihr zu tun habt." „Da hast du auch wieder recht", pflichtet ihr Ronny Zielinski bei, nachdem der erste Ärger verflogen ist. „Geben wir dem Neuen eine Chance. Meckern können wir immer noch." Und so wollen es dann auch alle versuchen, obwohl nach wie vor eine undefinierbare Skepsis vorherrscht.

Die ersten Tage an seinem neuen Arbeitsplatz verlaufen für Henning Woltermann unspektakulär. Etwas ungewöhnlich läuft auch das neue Privatleben an. Zwar hat der frischgebackene KESS-Mitarbeiter ein kleines Zimmer zur Untermiete bei einem Rentnerehepaar gefunden. Allerdings sind die Töchter Carolin und Jasmin nicht ganz so begeistert von dem neuen Leben mit dem Wochenendpapa und halten die Mama zu Hause ganz schön auf Trab. Und auch sie vermisst natürlich ihren Mann. „Doch das Ganze soll ja auch nur eine Übergangslösung sein", spricht sie sich selbst in diesen Tagen Mut zu.

Wirklich wohl fühlt sich Henning Woltermann am Ende der ersten Woche noch nicht bei seiner Arbeit. „Das Abtasten ist so langsam vorbei und allmählich fallen die Masken“, berichtet er am Wochenende zu Hause seiner Frau. Diese kann sich schon vorstellen, wie sich ihr Mann fühlen mag, hat aber auch noch so viele andere Dinge zu erledigen, dass sie ihn mit seinen Problemen erst einmal allein lassen muss. Der Neu-Schweriner hat bei seinen Arbeitskollegen ein wenig den Eindruck gewonnen, sie beachten ihn nicht. Ihm werden, seinem Gefühl nach, wichtige Informationen vorenthalten, und Hilfestellung gibt es nur hin und wieder mal, wenn keine Chance zu möglichen Ausflüchten besteht. Dabei hat er sich von Anfang an bemüht, besonders offen auf die neuen Kollegen zuzugehen, stets höflich zu sein und vor allen Dingen durch gute Leistung zu überzeugen.

Susanne selbst bekommt eine erste Ahnung von den herannahenden Schwierigkeiten, als sie eines Tages zufällig ein Gespräch zwischen Ronny Zielinski und Stefan Kaiser an der Kaffeemaschine vernimmt: „Sag mal, Ronny, ich hab irgendwie so ein bisschen das Gefühl, dass der Neue krampfhaft versucht, sich bei mir einzuschleimen. Der schmeißt sich voll an mich ran! Ich finde das irgendwie etwas merkwürdig.“ „Ja, genau, den gleichen Eindruck hab ich auch. Der lacht auch immer über alle meine Witze, und wenn sie noch so schlecht sind, ganz komisch. Und wie der hier auch immer rumläuft, wieso trägt der immer Anzug und Krawatte, will der ins Topmanagement, oder was?“

Diese Einschätzung hatte Sophie Müller zufällig mitgehört, als sie sich gerade einen Löffel für ihren Joghurt holen wollte: „Na na na, Kollegen, nur kein Neid. Ihr könntet euch ruhig mal 'ne Scheibe davon abschneiden. Stefan, deine Poloshirts kenne ich doch auch schon alle, oder? Außerdem seid ihr zwei ganz schöne Lästertüten. Ich finde den Woltermann nett.“ Die beiden Männer müssen sich direkt nach Sophies Einschreiten eingestehen, dass sie davon nicht völlig unbeeindruckt sind. „Ach, ich weiß nicht, ich finde, der nimmt sich ganz schön wichtig und macht ein bisschen einen auf Streber“, fügt Ronny Zielinski noch schnell hinzu, bevor beide etwas kleinlauter wieder an ihre Plätze zurückkehren.

Es wird allmählich deutlich, warum sich Henning Woltermann ausgegrenzt fühlt. Susanne Lorenz ist dies in den letzten Tagen nicht verborgen geblieben. Sie steht jetzt vor einer Schwierigkeit. Zum einen muss sie sich selbst und ihre Unterlagen für das jährliche Marketingleitermeeting in Köln, das in zwei Wochen stattfindet, vorbereiten. Zum anderen muss dringend die Gestaltung des Wochenprospekts für die Weihnachtszeit überarbeitet werden. Sie hat aber schon eine Idee, wie sie sich selbst Ruhe und Zeit für die Vorbereitung auf das Meeting verschafft. „Die Weihnachtswerbung ist doch eigentlich eine wunderbare Projektaufgabe, damit brauche ich mich doch selber gar nicht zu beschäftigen. Das sollen mal die Herren

Kaiser und Woltermann gemeinsam stemmen. Ab morgen kommt ja auch noch die Praktikantin dazu, und dann leihe ich mir einfach noch den Azubi von PR aus. Das klappt bestimmt. Dann haben wir doch ein hübsches Projektteam. Aber wer soll da dann eigentlich die Leitung übernehmen? Kaiser oder der Neue?" Diese Gedanken schießen Susanne Lorenz durch den Kopf. Sie ist sich unsicher.

⊙ *Können Sie helfen? Was meinen Sie? Wen sollte unsere Chefin Susanne Lorenz mit der Projektleitung betrauen? Halten Sie Stefan Kaiser als altgedienten KESS-Mitarbeiter für den besseren Teamleiter, dann lesen Sie weiter bei O1, Seite 187.*

⊙ *Denken Sie allerdings, dem neuen Kollegen, Henning Woltermann, ist aufgrund seiner umfangreichen Berufserfahrung eine solche Aufgabe nicht nur zuzutrauen, sondern er könnte sie auch besser ausführen, dann lesen Sie weiter bei O2, Seite 191.*

01 Stefan Kaiser wird Projektleiter

„Also, ich komme direkt zur Sache. Wie ihr ja bestimmt schon mitbekommen habt, soll das diesjährige Weihnachtsprospekt etwas ganz Besonderes werden. Für Sonderaufgaben habe ich jedoch momentan keine Zeit. Abgesehen davon habe ich da vollstes Vertrauen in unser Team. Sie, Herr Kaiser, werden der verantwortliche Leiter für dieses Projekt sein. Zusammen mit Herrn Woltermann und der Praktikantin, die nächste Woche anfängt, wie heißt die denn noch mal, ich hab doch die Unterlagen…“, Susanne sucht auf ihrem völlig überfüllten Schreibtisch nach den Einstellungsunterlagen der Praktikantin, „hier ist sie doch“, triumphierend streckt sie ihren beiden Gästen die rote Heftmappe entgegen. „Mareike Plünecker. Und als zusätzliche Unterstützung kommt auch noch der Levent Özgan, der Azubi von PR. Da hab ich schon mit dem Vorgesetzten gesprochen, der wird dann die nächsten zwei Wochen hier bei uns sein. Das dürfte doch dann 'ne schlagkräftige Truppe sein. Gibt es irgendwelche Fragen, die ich jetzt direkt aus der Welt schaffen kann?“

Stefan Kaiser ist etwas überrascht vom Vertrauen seiner Chefin, ihm eine solche Aufgabe zu übertragen. „Was ist denn mit unseren üblichen Tätigkeiten? Wer erledigt denn unser normales Tagespensum?“ „Also“, antwortet Susanne. „Wie lange sind Sie jetzt hier? Ich weiß auch, dass das nicht Ihre erste Projektarbeit bei uns ist. Wie war es denn bisher immer? Sie versuchen das Tagesgeschäft, so gut es geht, nebenher zu erledigen, und um das, was liegen bleibt, kümmere dann entweder ich mich oder ein anderer Kollege, sofern es dringend ist.“ „Hab ich richtig verstanden, es geht dann also am Montag los und von da an zwei Wochen?“, fragt Kollege Woltermann. „Ja, genau. Deadline ist der 5. November. Bis dahin müssen die Entwürfe fertig auf meinem Schreibtisch liegen. Ich kümmere mich dann anschließend um die Abstimmungen mit der Unternehmensleitung.“ Stefan Kaiser versucht in dem Gesichtsausdruck und der Körperhaltung seines schräg gegenübersitzenden Kontrahenten zu lesen. Henning Woltermann lässt das kalt. Er hat solche Situationen schon öfter erlebt. Zwar ärgert es ihn, dass er nicht selber zum Projektleiter ernannt wurde, aber er hat schon so seinen Plan, mit diesem kleinen

Rückschlag umzugehen: „Wollen wir doch mal schauen, was der verehrte Herr Kaiser denn so für ein großer Projektleiter ist.“

Die Zusammenarbeit der beiden Kollegen wird alles andere als gut verlaufen. Susanne Lorenz hatte zwar die Möglichkeit eines solch schlechten Projektverlaufs in ihre Überlegungen mit einbezogen, aber dass es tatsächlich so kommen würde, das hielt sie für sehr unwahrscheinlich. Doch die beiden Kampfhähne geben sich alle Mühe, ihre Chefin eines Besseren zu belehren. Während Stefan Kaiser immer mehr Gefallen an seinem Projektleiterdasein findet, absolviert Henning Woltermann im Projektteam eher Dienst nach Vorschrift. Wesentlich engagierter zeigt er sich da in seiner Alltagsarbeit. Die erledigt er weiterhin mit vollem Einsatz und enormem Fleiß. Auch gegenüber den anderen zeigt er sich äußerst reserviert. Bei nahezu allen Fragen schickt er Mareike Plünecker und Levent Özgan zum Projektleiter: „Oh, das kann ich euch leider nicht sagen, das weiß ich nicht. Fragt da mal besser den Herrn Kaiser“, sagt Henning Woltermann und: „Das soll der Gute mal schön alles selber machen“, denkt er sich dabei. Die kollegiale Beziehung zwischen den beiden Männern befindet sich schon nach kurzer Zeit im freien Fall.

„Ich bin froh, wenn morgen diese blöde Weihnachtskampagne unter Dach und Fach ist. Dann kann sich Kaiser wenigstens nicht mehr so aufspielen“, klagt Henning Woltermann seiner Frau am Telefon sein Leid. Aber schon ihre Gegenfrage irritiert ihn: „Ja, läuft es denn mit den anderen Kollegen inzwischen etwas besser?“ Denn diese Frage muss er, um sie ehrlich zu beantworten, verneinen. Auch bei den anderen hat sich eigentlich nichts im Vergleich zu den ersten Tagen geändert. „Weißt du“, beginnt Henning Woltermann, „manchmal wünsche ich mich wieder zurück zu euch nach Bremen.“ “Na, das will ich aber jetzt gar nicht hören, schließlich müssen wir hier auch noch einiges zurücklassen, wenn wir dann nachkommen. Und das Schwierigste wird uns noch bevorstehen, wenn die Mädels hier nämlich alles zurücklassen müssen. Also, jetzt lass mal nicht den Kopf hängen, bevor es überhaupt richtig losgeht. Was sagt denn eigentlich deine Chefin dazu? Du sagst doch immer, dass die so aufmerksam und clever ist. Hat die eure Probleme etwa noch nicht bemerkt, oder ist die ratlos? Na, dann ist sie ja entweder nicht so aufmerksam oder nicht so clever, wie du denkst.“

Bemerkt hat Susanne Lorenz das Theater natürlich schon längst und dementsprechend gespannt ist sie auch auf die Präsentation der erarbeiteten Ergebnisse. Das, was Stefan Kaiser ihr da am Nachmittag im Konferenzraum gemeinsam mit seinem Team präsentiert, ist eine einzige Offenbarung. Während Mareike Plünecker nur unentwegt nervös grinsend von einem Bein auf das andere wippt und Levent Özgan dafür Sorge trägt, dass Laptop und Beamer funktionieren, präsentiert Stefan Kaiser im Alleingang seine Ideen. Sein Kollege Woltermann steht hingegen völlig unbeteiligt daneben und amüsiert sich sogar noch bei einem kleinen Versprecher. Susanne Lorenz ist enttäuscht. Das Endprodukt ist zwar gar nicht so schlecht, aber von einer Zusammenarbeit im Team kann absolut nicht die Rede sein.

⊙ *Weiter geht's bei P, Seite 195.*

O2 Henning Woltermann wird Projektleiter

„Also, ich komme direkt zur Sache. Wie ihr ja bestimmt schon mitbekommen habt, soll das diesjährige Weihnachtsprospekte-Layout etwas ganz Besonderes werden. Für Sonderaufgaben habe ich nur momentan keine Zeit. Abgesehen davon habe ich da vollstes Vertrauen in unser Team. Sie, Herr Woltermann, werden der verantwortliche Leiter für dieses Projekt sein. Zusammen mit dem Kollegen Stefan Kaiser und der Praktikantin, die nächste Woche anfängt, wie heißt die denn noch mal, ich hab doch die Unterlagen...", Susanne sucht auf ihrem völlig überfüllten Schreibtisch nach den Einstellungsunterlagen der Praktikantin, „hier ist sie doch", triumphierend streckt sie ihren beiden Gästen die rote Heftmappe entgegen, „Mareike Plünecker. Und als zusätzliche Unterstützung kommt auch noch der Levent Özgan, der Azubi von PR. Da hab ich schon mit dem Vorgesetzten gesprochen, der wird dann die nächsten zwei Wochen hier bei uns sein. Das dürfte doch dann 'ne schlagkräftige Truppe sein. Gibt es irgendwelche Fragen, die ich jetzt direkt aus der Welt schaffen kann?"

Henning Woltermann freut sich über das Vertrauen seiner Chefin, ihm nach so kurzer Zeit schon eine solche Aufgabe zu übertragen. „Na da hat sich das Schuften und Buckeln in den ersten Tagen ja wenigstens gelohnt", denkt er sich in einem kurzen Moment seiner stillen Freude. „Wie erfolgt in der Zeit dann die Bewältigung des Tagesgeschäfts?" Das möchte er dann allerdings doch noch von der Vorgesetzten wissen. „Es ist bei uns so", entgegnet Susanne. „Sie versuchen, das Tagesgeschäft so gut es geht nebenher zu erledigen, und um das, was liegen bleibt, kümmere dann entweder ich mich oder ein anderer Kollege, sofern es dringend ist." „Hab ich es richtig verstanden, es geht dann also am Montag los und von da an zwei Wochen?", fragt Stefan Kaiser noch einmal nach. „Ja, genau. Deadline ist der 5. November. Bis dahin müssen die Entwürfe fertig auf meinem Schreibtisch liegen. Ich kümmere mich dann anschließend um die Abstimmungen mit der Unternehmensleitung." Henning Woltermann glaubt, im Gesichtsausdruck und der

Körperhaltung seines Gegenübers den Neid über die Entscheidung der Chefin erkennen zu können. Tatsächlich ist Stefan Kaiser enttäuscht: „Wieso bekommt der die Leitung und nicht ich? Der ist doch gerade mal ein paar Wochen hier. Der weiß doch noch gar nicht, wie hier alles funktioniert."

Die Zusammenarbeit der beiden Kollegen verläuft alles andere als gut. Susanne Lorenz hatte zwar die Möglichkeit eines solch schlechten Projektverlaufs in ihre Überlegungen mit einbezogen, aber dass es tatsächlich so kommen würde, das hielt sie für nicht sehr wahrscheinlich. Doch die beiden Kampfhähne geben sich alle Mühe, ihre Chefin eines Besseren zu belehren. Henning Woltermann hatte sich schon vor dem eigentlichen Beginn fest vorgenommen, dieses Projekt nach seinen Vorstellungen durchzuziehen. Erste Ideen hatte er sich schon zurechtgelegt. Von den anderen beiden Projektteamkollegen, Mareike Plünecker und Levent Özgan, lässt er sich hin und wieder lästige Arbeiten abnehmen, aber Stefan Kaiser bleibt dabei weitestgehend außen vor. Dieses Vorgehen lässt die Stimmung des langjährigen KESS-Mitarbeiters nicht gerade steigen. Er hat mittlerweile zusammen mit Ronny Zielinski bei der einen oder anderen Tasse Kaffee schon so manche Lästerattacke geritten. Da die Projektdeadline auch immer näherrückt, ist er inzwischen auch nicht mehr wirklich daran interessiert, sich noch in irgendeiner Form in das Projekt einzubringen.

„Ich bin froh, wenn morgen diese blöde Weihnachtskampagne unter Dach und Fach ist. Dann kann sich Kaiser wenigstens nicht mehr aufspielen", klagt Henning Woltermann seiner Frau per Telefon sein Leid. Aber schon ihre Gegenfrage irritiert ihn: „Ja, läuft es denn mit den anderen Kollegen inzwischen etwas besser?" Denn diese Frage muss er, um sie ehrlich zu beantworten, verneinen. Auch bei den anderen hat sich eigentlich nichts im Vergleich zu den ersten Tagen geändert. „Weißt du", beginnt Henning Woltermann, „manchmal wünsche ich mich wieder zurück zu euch nach Bremen." „Na, das will ich aber jetzt gar nicht hören, schließlich müssen wir hier auch noch einiges zurücklassen, wenn wir dann nachkommen. Und das Schwierigste wird uns noch bevorstehen, wenn die Mädels hier nämlich alles zurücklassen müssen. Also, jetzt lass mal nicht den Kopf hängen, bevor es überhaupt richtig losgeht. Was sagt denn eigentlich deine Chefin dazu? Du sagst doch immer, dass die so aufmerksam und clever ist. Hat die eure Probleme etwa noch nicht bemerkt, oder ist die ratlos? Na, dann ist sie ja entweder nicht so aufmerksam oder nicht so clever, wie du denkst."

Bemerkt hat Susanne Lorenz das Theater natürlich schon längst und dementsprechend gespannt ist sie auch auf die Präsentation der erarbeiteten Ergebnisse. Das, was Henning Woltermann ihr da am Nachmittag im Konferenzraum gemeinsam mit seinem Team präsentiert, ist eine einzige Offenbarung. Während Mareike Plünecker nur unentwegt nervös grinsend von einem Bein auf das andere wippt und Levent Özgan dafür Sorge trägt, dass Laptop und Beamer funktionieren, präsentiert Henning Woltermann seine Idee, und sein Kollege Kaiser steht völlig unbeteiligt daneben und amüsiert sich sogar noch bei einem kleinen Versprecher. Susanne Lorenz ist enttäuscht. Das Endprodukt ist zwar, dank Woltermanns Erfahrung, ganz gut und kann sich sehen lassen, aber von einer Zusammenarbeit im Team kann absolut nicht die Rede sein. Das war eher ein Alleingang.

⊙ *Weiter geht's bei P, Seite 195.*

P Let's talk English

Susanne sitzt an ihrem Schreibtisch, grübelt vor sich hin und murmelt: „Auch das noch." Seit 90 Minuten sitzt sie nun schon vor der Budgetplanung für das nächste Jahr und quält sich damit. Obwohl sie Betriebswirtschaftslehre studiert hat, ist diese Aufgabe für sie ungewohnt und komplex. Aber sie weiß natürlich, dass auch solche Dinge zu einer Führungsaufgabe gehören. Und ein wenig Bammel hat sie schon vor den Budgetgesprächen, denn neben der Planungsaufgabe selbst ist dabei rhetorisches Geschick und Argumentationsfähigkeit unerlässlich. „Und so etwas lernt man leider im Studium nur bedingt", findet sie. Und da Hoffmann die Budgetplanung für ihren Bereich im letzten Jahr noch selbst gemacht hat, ist nun ihre Feuertaufe. Tief in Zahlen und Daten vertieft, klingelt das Telefon.

„Susanne Lorenz. KESS Baumarkt GmbH – Marketingabteilung. Guten Tag."

„Hello, Peter Smith speaking. Could I speak to Mrs Lorenz please?"

„I`m Frau, äh, Mrs Lorenz. How can I help you?"

„Yes. Hello Mrs Lorenz. My name ist Peter Smith. T&H-Tools and Home Improvement Company. We'd like to cooperate with your company in the next eight months. Mr. Hoffmann told me that you are responsible for the advertisements in Eastern Europe. Is that right?"

„...Yes..."

„OK. Could you send me some information about your latest sales promotion, please?"

„...Ähm, yes..., ähm. One moment please."

Susanne ist völlig verwirrt. Was will der von mir? Verzweifelt sucht die überraschte Teamleiterin nach einer Möglichkeit, sich aus der für sie peinlichen Situation herauszuwinden. Woltermann! Der hatte doch in seiner Bewerbung angegeben, dass er verhandlungssicheres Englisch spricht.

„I`m sorry, but I don`t understand you."

„Mrs Lorenz, please let me explain...."

„I connect you to my colleague, Mr Woltermann. He can help you."

Ohne die Reaktion von Herrn Smith abzuwarten, schickt Susanne diesen in die Warteschleife.

„Hallo, Herr Woltermann. Ich habe hier einen gewissen Herrn Smith in der Leitung. Er spricht Englisch. Ich möchte Sie bitten, seine Fragen zu beantworten. Ich stelle ihn durch." In Windeseile legt sie den Hörer auf.

Erleichtert, aber vor allem verärgert über sich selbst, sinkt die junge Frau in ihren Sessel. „Mensch, Susanne. Das war aber nichts! Du kannst doch Englisch", schießt es ihr durch den Kopf. Sie muss sich eingestehen, dass ihre Englischkenntnisse ziemlich eingerostet sind. Enttäuscht über die eigenen Defizite vergehen Minuten, bis sie sich wieder gefangen hat. Neugierig wartet Susanne auf Henning Woltermanns Rückmeldung, um zu erfahren, was der ominöse Anrufer von ihr wollte.

Aufgabenbox

Wie schätzen Sie Ihre Englischkenntnisse ein? Hätten Sie den Anruf von Mr. Smith besser gemeistert? Testen Sie kurz Ihre Englischkenntnisse (die korrekten Antworten finden Sie im Anhang):

Was heißt auf Englisch?		
Rechnung	☐ Invoice	☐ Receipt
Branche	☐ Affiliate	☐ Industry
Was bedeutet ...?		
to be on the make	☐ auf Geld aus sein	☐ machbar sein
Protokoll schreiben	☐ to take minutes	☐ to take protocol
Bis zu einem gewissen Grad	☐ to a certain rank	☐ to a certain extend

Vervollständigen Sie bitte den Satz !		
I ..... a lot of money if I hadn't listened to your advice.	□ would make	□ would have made
That issue is yet	□ having resolved	□ to be resolved
Hiring Thomas has .... a positive impact on the growth of our company.	□ had	□ been had
There is a new .... for leave applications.	□ form	□ formula

Als Hennig Woltermann 20 Minuten später in Susannes Büro kommt, strahlt er über das ganze Gesicht. „Mr. Smith ist ganz angetan von der KESS BauMa und hat bereits mit Herrn Hoffmann besprochen, im kommenden Jahr einen ersten Testmarkt in England zu eröffnen", sprudelt er los. Der neue Kollege fasst in knappen Sätzen das Telefonat zusammen. Scheinbar hat Herr Hoffmann in höchsten Tönen von der Arbeit des Marketingteams in Schwerin geschwärmt und Mr. Smith direkt an Susanne Lorenz weitergeleitet. Diese sollte den Investor der T&H Company darüber informieren, wie eventuelle Werbemaßnahmen hinsichtlich der Zusammenarbeit aussehen könnten. Als Henning Woltermann das Zimmer wieder verlässt, ist der jungen Frau sehr mulmig. „Ich muss dringend mein Englisch verbessern. Solche Peinlichkeiten wie eben kann ich mir nicht erlauben." Mit diesen Gedanken fasst Susanne Lorenz einen Drei-Punkte-Plan: (1) Selbstbeurteilung ihrer derzeitigen Sprachkenntnisse, (2) einen adäquaten Sprachkurs recherchieren und (3) lernen, lernen, lernen...

Infobox

Gemeinsamer Europäischer Referenzrahmen für Sprachen – GERS
(Common European Framework of Reference for Languages – CEFR)

Englisch ist eine Weltsprache. Vor allem in internationalen Geschäftsbeziehungen und für viele Führungskräfte ist fließendes Englisch Grundvoraussetzung für die erfolgreiche Zusammenarbeit.

Um die Sprachkompetenzen (Verstehen, Sprechen, Schreiben) transparent und vergleichbar zu machen, hat der Europarat einen gemeinsamen europäischen Referenzrahmen für Sprachen festgelegt. Dieser unterteilt Sprachkompetenz in sechs Schwierigkeitsstufen (A1 bis C2).

Stufe	Beschreibung
A 1	Sie verstehen vertraute, alltägliche Ausdrücke und können ganz einfache Sätze verstehen und verwenden, die auf die Befriedigung konkreter Bedürfnisse ausgerichtet sind. Ebenfalls können Sie sich vorstellen, wo Sie wohnen, was Ihre Hobbys sind – somit die elementaren Dinge in der jeweiligen Fremdsprache zum Ausdruck bringen.
A 2	Sie können an Gesprächen zu alltäglichen Themen teilnehmen. Allgemeinsprachlich können Sie Sätze und häufig gebrauchte Ausdrücke verstehen, die mit Bereichen von ganz unmittelbarer Bedeutung zusammenhängen. Ebenso können Sie sich vor allem in routineüblichen Alltagssituationen verständigen.
B 1	Generell können Sie mühelos und fehlerfrei alltäglichen Konversationen folgen sowie diesbezüglich Texte schreiben. Vom Verständnis können Sie der Alltagssprache gut folgen, sofern keine verfälschenden Akzente verwendet werden.
B 2	Ihre sprachlichen Fähigkeiten sind gut ausgebildet: Sie können nahezu mühelos sowie fehlerfrei alltäglichen Konversationen folgen sowie alltagsbezogene Texte verfassen. Auch komplexen Texten zu konkreten als auch eher abstrakten Themenbereichen können Sie vom Verständnis folgen, sodass Sie sich auch mit Muttersprachlern durchaus verständigen können.
C 1	Sie haben sehr ausgeprägte, tiefgehende Kenntnisse der jeweiligen Fremdsprache: Einheimische Literatur bereitet Ihnen keine Probleme, bei anspruchsvoller, längerer Literatur verstehen Sie auch die impliziten Zusammenhänge. Redewendungen sowie auch ausgefallenere Phrasen gehören ebenfalls zu Ihrem aktiven Wortschatz.
C 2	Sie sind nahezu perfekt in der jeweiligen Fremdsprache: Sie unterhalten sich mit Muttersprachlern auf nahezu gleichem Niveau, können fachlich komplexen Texten folgen und diese auch selbst verfassen. Diskussionen auch zu sehr speziellen Themen können Sie zumindest sprachlich nicht aus der Ruhe bringen.

Bei der Auswahl eines guten Sprachkurses sollte Susanne Lorenz darauf achten, dass sie einen Kurs belegt, der dem derzeitigen Sprachniveau entspricht. Ein Einstufungstest vorab ist also unerlässlich. Seriöse Anbieter geben genauestens an, welche Leistungen enthalten sind, dass nicht mehr als ca. 15 Teilnehmer/innen in einer Lerngruppe sind, wie viele Lektionen der Kurs hat, ob die Kurse international zusammengesetzt sind und welche Inhalte vermittelt werden.

Q Das Team neu ausrichten

Das Ausscheiden von Sabine Hollerbach hat das Team der Marketingabteilung arg ins Wanken gebracht. Das hatte die junge Führungskraft so nicht erwartet. Henning Woltermann passt ihrer Meinung nach noch nicht so richtig zu den anderen Kollegen.

Vielleicht hätte sie auch das Team bei der Auswahl des Neuen mehr beteiligen sollen. So konnte man den Eindruck gewinnen, dass sie dem Team den Neuen einfach so ins Nest gesetzt hat. Auf dem Heimweg nach dem anstrengenden Tag wird sie all diese Gedanken nicht so recht los. Die Schwächen, die sie bei Woltermann schon während des Einstellungsgespräches vermutet hatte, nämlich dass sein extremer Ehrgeiz das eine oder andere Mal seiner Teamfähigkeit im Wege stehen könnte, hat sich schneller bewahrheitet als befürchtet. Sie macht auf dem Rückweg noch Halt beim Supermarkt, denn der Kühlschrank ist mal wieder leer. „Dass aber auch das Team so mit Ablehnung auf ihn reagiert, hätte ich nicht vermutet", denkt sie sich, als sie sich gerade dem Obstregal nähert. Fachlich kann sie dem Neuen noch am wenigsten Vorwürfe machen. Insgesamt ist die Abteilung zum jetzigen Zeitpunkt weniger leistungsfähig als noch zu den Zeiten mit Sabine Hollerbach, aber von allen sind da die Ergebnisse des Neu-Schweriners noch am besten. „Gelacht wird auch nicht mehr so viel wie früher", geht es ihr durch den Kopf, während sie die vor ihr aufgehäuften Mangos betrachtet.

⊙ *Lesen Sie in der folgenden Lernbox über Tuckmans Modell der Teamentwicklung, damit Sie wissen, wie Gruppenbildungsprozesse in Arbeitsteams vonstattengehen und was in Susannes Team gerade passiert.*

Lernbox

Tuckmans Phasenmodell der Teamentwicklung

„Ich hab's doch gesagt", Susanne ist etwas erschrocken, als plötzlich jemand vor ihr steht. „Hey, nicht erschrecken! Mein Name ist Bruce Wayne Tuckman. Ich habe mich vor einiger Zeit, genauer gesagt Mitte der 60er-Jahre, mit genau dem Phänomen beschäftigt, das Sie in den letzten Tagen intensiv durchlebt haben", beginnt der noch Unbekannte sein Erscheinen zu erklären. „Sie schauen noch etwas ungläubig", erkennt Tuckman die Skepsis in Susannes Gesicht. „Nun gut, also komme ich zum Punkt", fährt er fort: „Den Prozess der Entstehung einer erfolgreich funktionierenden Gruppe habe ich mir, zusammen mit einigen Mitarbeitern, intensiv angeschaut und dabei vieles Wichtige beobachtet.

Nahezu jedes Team durchläuft von dem Moment seiner Entstehung beziehungsweise seiner Zusammensetzung bis zu einem erfolgreichen Zusammenarbeiten vier Phasen. Ich habe sie damals „Forming", „Storming", „Norming" und „Performing" genannt. Ich persönlich hatte das alles so oft selbst erlebt, dass ich es eben irgendwann aufgeschrieben habe, damit andere sich daran orientieren können und dementsprechend vorbereitet sind. Okay, dir erkläre ich es noch mal schnell.

Die **Formierungsphase (Forming)** beschreibt das Kennenlernen der Gruppenmitglieder, die sich auf Sympathien und Antipathien prüfen und zunächst eher freundlich-interessiert miteinander umgehen. In der **Sturmphase (Storming)** wird es dann kritisch. Hier muss sich die gute Führungskraft zeigen. Und auch wenn du dafür vielleicht ein bisschen länger gebraucht hast, hast du das schon ganz ordentlich gemacht. Einige Gruppenmitglieder melden in dieser Phase meist eigene Dominanzansprüche an. Jeder versucht, sich gewisse Vorteile zu erstreiten. Sie machen Unterschiede untereinander deutlich und suchen nach Koalitionspartnern. Es kann hier zu manifesten oder latenten Konflikten oder gar zum Zerfall der Gruppe kommen, aber das hast du ja zum Glück verhindert.

Die **Normierungsphase (Norming)** beginnt, wenn sich der große Sturm gelegt hat und jeder im Team seinen Platz und seine Rolle gefunden und eingenommen hat. Das Streben nach Harmonie und Konformität wird hier immer wichtiger. Der letzte Schliff erfolgt dann in der **Reifephase (Performing).** Wenn alles richtig ineinandergreift, dann konzentriert sich das Team ab diesem Moment vollständig auf das Lösen der gestellten Aufgaben und man verfolgt zusammen ein gemeinsames Ziel.

Ich denke, Susanne, du findest dich und dein Team hier ganz gut wieder, oder? Durch die Neueinstellung kann es zum Rückfall in die Stormingphase kommen.

Vielleicht denkst du in einer ruhigen Minute noch einmal darüber nach und merkst dir diesen Prozess einfach für die nächste Veränderung in einem Team unter deiner Leitung. Ich verspreche dir, da wird es ziemlich genauso wieder passieren. Manchmal sind die Phasen etwas extremer, manchmal merkt man sie kaum, weil alles reibungslos funktioniert. Und wenn es dann soweit ist, wirst du denken, ‚er hat's mir doch gesagt', und so wird es kommen, ich weiß es. Ich hab's dir gesagt!" In diesem Moment dreht sich Tuckman um und ist verschwunden. Susanne fühlt sich wieder einmal um eine Erfahrung reicher, und die Tatsache, dass die meisten Teamentwicklungen so ablaufen, beruhigt sie.

„Nehmen Sie die von unten, das alte Zeug legen sie immer oben drauf." Susanne hört die freundliche Stimme zwar, aber wirklich wahrgenommen hat sie den Ratschlag noch nicht. Gefühlte zehn Sekunden später wird ihr erst klar, dass der nette gutaussehende Mann neben ihr wirklich mit ihr gesprochen hat. „Entschuldigung, haben Sie gerade mit mir gesprochen?", fragt sie irritiert noch einmal nach. Sie bekommt ein bestätigendes Lächeln zurück: „Ich wollte Ihnen den Tipp geben, das frische Obst immer lieber von unten zu nehmen, denn sie legen hier häufig die Früchte vom Vortag wieder oben drauf. Sie schienen aber so in Gedanken, dass ich mich nicht getraut habe, es noch einmal zu wiederholen." „Ja, Sie haben Recht, ich bin zurzeit etwas sehr in meine Arbeit vertieft, aber vielen Dank für den Tipp." Kurz nachdem die Worte ausgesprochen sind, ärgert sie sich innerlich über ihre plumpe Antwort: „Warum ist mir denn nichts Besseres eingefallen, das ist doch ein echt interessanter Typ." „Na, wenn das so ist und Sie vielleicht mal ein bisschen Ablenkung brauchen, empfehle ich einen Cocktail in netter Gesellschaft. Kommen Sie einfach mal vorbei", sagt der Unbekannte und gibt ihr mit einem Augenzwinkern eine Visitenkarte, ehe er sich umdreht und auf kürzestem Weg in Richtung Kasse aufmacht. „Danke, ja vielleicht sieht man..." Sie kommt gar nicht mehr dazu, den Satz zu beenden. Eine ältere Dame, die ihr kommentarlos mit dem Einkaufswagen in die Hacken fährt, holt Susanne wieder zurück in die Supermarktrealität. Sie findet sich mitten in der Obstabteilung mit dem Einkaufskorb in der einen und der Visitenkarte in der anderen Hand wieder. Die Karte steckt sie, ohne groß darauf zu schauen und zu überlegen, in die Jackentasche und sucht sich schnell die beste Mango von allen übrig gebliebenen aus – von unten natürlich. Den Rest der Einkäufe erledigt sie im Schnelldurchgang.

Als sie dann wieder im Auto sitzt, kreisen ihre Gedanken wieder um die Arbeit. Sie fährt einige Kilometer, ohne ihre Fahrt im lebhaften Feierabendverkehr wirklich wahrzunehmen. Wie kann sie dieses Team formen? Was kann sie unternehmen, um die Motivation wieder neu zu entfachen? Mit ihren Einkäufen bepackt, klettert sie das Treppenhaus hinauf zu ihrer Wohnung. Sie schließt die Wohnungstür auf und stellt die Einkäufe ab. Als sie die Tür gerade schließen will, hört sie noch die Stimme ihrer Nachbarin, Frau Jakobsson: „Frau Lorenz, warten Sie, ich habe ein Paket für Sie!“ „Na prima, das dürfte jetzt auch jeder im Haus gehört haben“, denkt sich Susanne. „Ich war so frei, das für Sie anzunehmen. Wie geht es Ihnen?“, erkundigt sich die Nachbarin freundlich. Sie wartet die Antwort gar nicht ab, aber so ist sie bei Susanne schon bekannt. „Also, bei mir war ja heute große Aufregung, also der Tobias ist heute das erste Mal alleine weggefahren. Heute ging es nämlich mit seiner Klasse auf Klassenfahrt. Na ja, und wissen sie, der hat ja so gut wie noch nie ohne uns etwas gemacht und, na ja, ich glaube, er hatte schon ein bisschen Angst davor.“ Um nicht unhöflich zu erscheinen, fragt Susanne nach: „Ja, aber das ist doch hochspannend, wo ging's denn hin?“ „Eine Woche an den Timmendorfer Strand. Hoffentlich machen die Jungs da keinen Blödsinn. In dem Alter denken die doch an nichts anderes“, befürchtet Frau Jakobsson. In diesem Moment hat Susanne eine Idee: „Ja genau, das ist es doch! Wir machen auch so etwas wie eine ‘Klassenfahrt’“, schießt es ihr durch den Kopf.

Aufgabenbox

Susanne Lorenz möchte, um Motivation und Zusammenhalt unter ihren Mitarbeitern zu stärken, als Teambuildingmaßnahme einen Teamausflug mit Gemeinschaftsaktivitäten durchführen. Welche Möglichkeiten kennen Sie, durch gemeinsame Aktivitäten den Teamgeist zu fördern? Machen Sie sich doch einmal kurz ein paar Gedanken und entwickeln Sie drei Ideen. Schreiben Sie diese hier auf!

____

____

____

Susanne gelingt es, die Nachbarin geschickt abzuwimmeln. Sie sortiert schnell die Einkäufe in den Kühlschrank und den kleinen Abstellraum neben der Kochnische und wirft einen kurzen Blick auf ihr Paket: Post vom Ex-Freund. Offensichtlich sind in diesem Paket noch einige Dinge, die sie in Svens Wohnung vergessen hatte. Sie überlegt kurz, ob sie jetzt bei der Erinnerung an ihre zerbrochene Beziehung traurig ist, und ist erfreut, als sie sich dieses klar verneinen kann.

Noch immer ihrem Gedanken von dem Teamausflug nachjagend, läuft sie zu ihrem PC, schmeißt ihre Jacke über den Stuhl und beginnt zu recherchieren. Dabei stößt sie auf die eine oder andere interessante Information. Sie wird fündig auf der

Homepage eines Institutes, das Teamentwicklungsmaßnahmen anbietet. Dort ist die Rede von Teamanalysen und Teamworkshops.

Zunächst kann sich Susanne nicht genau vorstellen, was damit eigentlich gemeint ist. Sie? Haben Sie schon einmal von solchen Maßnahmen zur Entwicklung eines Teams gehört? Susanne liest weiter. Lesen Sie doch einfach mit!

Infobox

Teamentwicklung

Maßnahmen der Teamentwicklung sind darauf ausgerichtet, die Kommunikation und Zusammenarbeit innerhalb einer Arbeitsgruppe zu analysieren und Potenziale für Verbesserungen zu finden. Durch die gestiegene Änderungsdynamik in Unternehmen und Organisationen geraten auch soziale Strukturen in den Unternehmen zunehmend unter Druck. Stress und andere Belastungsfaktoren sowie eine gestiegene Heterogenität von Persönlichkeitsstrukturen führen zusätzlich dazu, dass die arbeitsorganisatorische Zusammenarbeit in Teams nicht nur wichtiger, sondern auch schwieriger geworden ist. Deshalb gehört die Teamentwicklung heute zu den originären Führungsaufgaben.

In der Realisierung der Teamentwicklung kann man grob analytische Verfahren und gruppendynamische Methoden unterscheiden. Bei **analytischen Verfahren** wird häufig als Ausgangspunkt ein Team-Analysetool eingesetzt, das dazu beitragen soll, dass die Rollen im Team den betreffenden Personen zugeordnet werden können. Die wohl berühmteste Typologie bietet BELBIN, der verschiedene Teamrollen definiert und eine Analyse erarbeitet hat, die eine personenbezogene Zuordnung ermöglicht. Die Kenntnis darüber, wer welche Rolle innerhalb des Teams einnimmt oder wer über welche Persönlichkeit verfügt, gibt Aufschluss darüber, wie eine Teamzusammensetzung oder auch eine Unterstruktur innerhalb des Teams ideal konstruiert werden oder auch Optimierungspotenziale eruiert werden können.

Ein weiterer analytischer Zugang zur Teamentwicklung kann auch durch einen Teamworkshop gefunden werden, in dem – z. B. durch eine sogenannte SWOT-Analyse – konkret herausgearbeitet wird, welche Stärken und Schwächen sowie Chancen und Risiken das Team derzeit hat und wie die Defizite beseitigt werden können. Dabei sollen Potenziale gefunden werden, die im Workshop näher definiert und im Alltag umgesetzt werden können.

Gruppendynamische Methoden setzen meist bei erlebnispädagogischen Konzepten an und initiieren in häufig spielerischer Form die Zusammenarbeit in der Gruppe. Berühmte Teamübungen heißen z. B. „Seilquadrat", „Spinnennetz", „Floßbau". Dabei muss die Gruppe gemeinsame, herausfordernde Aufgaben lösen und die Zusammenarbeit in einem fremden, vom Berufsalltag abstrahierten Kontext unter Beweis stellen. Ein Teamtrainer versucht damit, auf gruppendynamischer Ebene die Kommunikation und Kooperationsweise der Teammitglieder zu beleuchten. Die Gruppe bekommt – neben dem reinen Spaßfaktor von sogenannten „Outdoortrainings" – Gelegenheit, Strukturen der Zusammenarbeit zu erkennen, Unstimmigkeiten und Konfliktpotenziale zu ergründen, und diskutiert über eine Neuausrichtung der Teamarbeit. Im letzten Jahrzehnt haben sich immer stärker professionelle Anbieter etabliert, die ihre Trainings im Rahmen einer profunden Infrastruktur anbieten, z. B. in Hochseilgärten oder Kletterhallen.

„Das ist genau das Richtige für uns." Sie beschließt, am nächsten Tag die Möglichkeiten zur Finanzierung einer solchen Aktivität mit ihrem Vorgesetzten zu besprechen. Sie kann sich allerdings eigentlich nicht vorstellen, dass Herr Hoffmann, der solchen Dingen immer sehr aufgeschlossen gegenübersteht, ihr irgendwelche Steine in den Weg legt. Und so soll es dann auch sein. In einem Telefonat am nächsten Morgen bekommt Susanne Lorenz die Zusage für die Finanzierung eines Teamworkshops, inklusive einer Teamanalyse, und einer Gemeinschaftsaktivität. Ihr schwebt da ein Wochenende im Kletterpark in Güstrow vor. Sie ist sich sicher, dass es keine Schwierigkeit sein wird, die Mitarbeiter für diese Möglichkeit zu begeistern.

Die drei Tage in Güstrow waren ein voller Erfolg. Susanne hat mit ihrem Team zunächst eine Teamanalyse erstellen lassen. Ihre Wahl war nach reiflicher Überlegung auf den „Team Efficiency Index" des *Instituts für Personalforschung* gefallen. Dabei kreuzte jedes Teammitglied zunächst in einem Fragebogen an, welche Leistungs- und Verhaltenskriterien für die Zusammenarbeit im Team besonders wichtig sind. In einem zweiten Schritt schätzte jedes Teammitglied anhand dieses Maßstabes die eigene Teamfähigkeit ein und ebenso die jedes einzelnen Kollegen. Als Ergebnis der Analyse entstand ein Teamfähigkeits-Portfolio für jedes Teammitglied und ein Team- Efficiency-Portfolio für das gesamte Team. Der Moderator entzündete damit eine lebhafte Diskussion über die Zusammenarbeit in der Gruppe. Niemals hat Susanne so eine tiefgründige Diskussion erlebt. Sie war schier begeistert von der Analyse und den Fähigkeiten des Moderators. Der engagierte Trainer hat einen hervorragenden Mix aus Analytik, Diskussion, Erkenntnisgewinn und Spaß gefunden. Immer wieder stellte er seine Fragen an das Team und jeden Einzelnen und moderierte die Gruppe zu wichtigen Erkenntnissen. Am Ende des

Wochenendes war eine handfeste Maßnahmenliste für Susannes Team aufgestellt, und alle waren begeistert. „Das hätte ich nie so hinbekommen“, denkt Susanne und hat gemerkt, dass es wichtig sein kann, externe Profis zu Rate zu ziehen, wenn man selbst noch zu wenige Erfahrungswerte als Führungskraft hat oder externe Impulse nützlich sind.

Immer wieder kokettiert die Schweriner Marketingtruppe mit den Erkenntnissen, Diskussionen und Erlebnissen dieses Team-Wochenendes. Für alle im Team war – neben der angewendeten Analytik – der Besuch des Hochseilgartens ein besonderes Highlight des Wochenendes, aber zugleich auch die größte Herausforderung. In den Gesichtern konnte man Freude, Anspannung, banges Entsetzen bis hin zur echten Angst entdecken. Den Männern im Team konnte man anmerken, wie sehr sie bemüht waren, keine Schwächen zu erkennen zu geben, als sie die 25 m hohe Leiter zum Hochseilgarten erklommen. „Na los, Mädels, mir hinterher“, trompetete Stefan Kaiser zu den anderen herunter.

Das gesamte Team war ohne den stressigen Büroalltag während des gesamten Teamtrainings wie ausgewechselt. Es wurde sehr viel erzählt und gelacht. Selbst Sophie Müller hatte es geschafft, ihre Tochter bei den Eltern unterzubringen, und genoss die Tage ohne elterliche Pflichten. Ronny Zielinski und Henning Woltermann, die sich, als ein Klettertandem eingeteilt, gegenseitig bei verschiedenen Klettereinlagen sichern mussten, lernten sich noch einmal ganz neu kennen. Es war neu für sie, so aufeinander angewiesen und voneinander abhängig zu sein. Die allerbesten Freunde werden die zwei wahrscheinlich nicht mehr, aber sie konnten eine Menge Missverständnisse ausräumen. Am Sonntagabend wurde dann sogar untereinander das lästige „Sie“ mit Herrn Woltermann abgeschafft, und er heißt jetzt für alle nur noch Henning. Nur die Chefin möchte gerne das „Sie“ beibehalten – vorerst jedenfalls.

Als Susanne nun nach Hause kommt, ist sie sehr geschafft. Sie hat Muskelkater in Oberschenkeln und Oberarmen. Sie stellt ihre Taschen einfach mitten im Flur ab und lässt sich auf ihr Sofa fallen. Nicht einmal Jacke und Schuhe hat sie ausgezogen. Als sie in der Jackentasche nach einem Taschentuch sucht, zieht sie plötzlich eine kleine Visitenkarte heraus:

“LA POSTURA DEL SOL”

Cocktailbar – Restaurant

Inh.: Antonio Gonzalez

Sie lächelt und denkt an die Mangos im Supermarkt. „Nehmen Sie die von unten…", schießt ihr die Erinnerung durch den Kopf, und für einen kurzen Moment wird das Lächeln zu einem richtig entspannten Lachen.

Who is Who?

Susanne Lorenz

Die 28-jährige Susanne Lorenz hat nach ihrer Ausbildung zur Industriekauffrau ein BWL-Studium an der Fachhochschule Köln absolviert. Im Studium, das ihr aufgrund ihrer Freude am Lernen und ihres Ehrgeizes viel Spaß gemacht hat, vertiefte sie ihr Wissen in den Schwerpunkten Marketing und Personal. Nach ihrem Abschluss vor zwei Jahren ist sie bei der KESS BauMa GmbH als Marketingassistentin eingestiegen.

Ihr Vorgesetzter Gerd Hoffmann hält große Stücke auf sie. Aus diesem Grund bekam sie – trotz ihrer erst kurzen Betriebszugehörigkeit – die Projektleitung der Kampagne „Flower Power" übertragen. Nach anfänglichem Zögern wuchs ihre Freude über die neue Aufgabe und ihre Zuversicht, zu einem späteren Zeitpunkt selbst eine höhere Führungsposition zu bekleiden.

Susanne Lorenz ist bekannt dafür, sich selbst viel abzuverlangen und Überstunden als Normalität zu sehen – ein Zustand, der oft dazu führt, dass sie in ihrer Freizeit manchmal schwer abschalten kann. Susanne ist eine ortsungebundene Person. Sie würde dem Job jederzeit vor dem Privatleben den Vorrang geben. Aus diesem Grund führt sie seit drei Jahren mit ihrem in München lebenden Partner Sven Hagenwald eine Fernbeziehung. Auch ihre Eltern – Elfriede und Günther Lorenz – sieht sie beruflich bedingt nur sehr selten.

Stärken:
dynamisch, gutes Durchsetzungsvermögen, zeigt Einsatz- und Verantwortungsbereitschaft, kommunikationsfähig, belastbar, lösungs-, aufstiegs- und karriereorientiert, selbstbewusst, fachlich sehr kompetent, zielstrebig, selbstkritisch, perfektionistisch

Schwächen:
nicht immer teamfähig, nimmt Kritik schnell persönlich, Entscheidungen und Eigeninitiative fallen ihr manchmal schwer, risikoscheu, hin und wieder plagen sie Selbstzweifel, perfektionistisch

Gerd Hoffmann – Susannes Vorgesetzter

Gerd Hoffmann ist 48 Jahre alt. Kurz vor seinem 30. Geburtstag heiratete er seine „große Liebe" Elisabeth, mit der er zwei Töchter – Mia (17) und Lisa (15) – hat. Seiner Zielstrebigkeit hat er es zu verdanken, dass er heute angesehener Leiter der Marketingabteilung der KESS BauMa GmbH ist. Auf seinem langen Weg bis zu seiner derzeitigen Position musste er nach seinem Marketing-Studium an der Bergischen Universität Wuppertal viele Hindernisse umschiffen. Diese Erfahrungen haben ihn u. a. zu dem geformt, was er heute für viele seiner Angestellten verkörpert: einen väterlichen Vorgesetzten, der trotz seiner Strenge immer bemüht ist, fair zu entscheiden, und stets ein offenes Ohr für seine Mitarbeiter hat.

Stärken:
agil, gewissenhaft, risikofreudig, erfahren, zielstrebig, belastbar, ausdauernd, fair

Schwächen:
risikofreudig, delegiert zu wenig, zuweilen fehlende Autorität durch zu kollegiales Auftreten

Sven Hagenwald – *Susannes Lebensgefährte*

Für sein Studium der Unternehmens- und Organisationsentwicklung ist der gebürtige Düsseldorfer Sven Hagenwald nach Köln gezogen. Auf einer der zahlreichen Semesterpartys der Rheinmetropole hat er Susanne kennen und lieben gelernt.

Seit seinem Studienabschluss an der Universität Köln arbeitet der leidenschaftliche Golfer bei der namhaften Unternehmensberatung „PROFIT" in München. Susanne ist seine große Liebe, sodass er sogar eine Wochenendbeziehung – die beide aus beruflichen Gründen führen müssen – in Kauf nimmt. Susannes karriereorientiertes Arbeitsverhalten ist der Grund für viele schlaflose Nächte – er macht sich Sorgen um ihre Gesundheit.

Stärken:
bietet Susanne Rückhalt, verlässlich, treu

Schwächen:
unordentlich, manchmal fehlt es ihm an Empathie

Elfriede Lorenz – *Susannes Mutter*

Elfriede Lorenz ist Krankenschwester in einer Kinderklinik im Kölner Norden und Mutter von Susanne Lorenz. Auf ihr einziges Kind ist die 55-Jährige sehr stolz. Besonders freut sie sich darüber, dass ihre Tochter die Chancen im Leben genutzt hat, die sie selbst nie bekommen hat. Sie glaubt Susanne sehr gut zu kennen und wünscht sich – ebenso wie ihr Ehemann Günther – in nicht allzu ferner Zukunft Enkelkinder.

Stärken:
starke Persönlichkeit, dynamisch, zielstrebig

Schwächen:
Übermutter

Günther Lorenz – *Susannes Vater*

Günther Lorenz (57) ist seit seiner Ausbildung in der Verwaltung als Sachbearbeiter im Finanzamt Köln. Als Vater von Susanne ist er mächtig stolz auf die private sowie berufliche Karriere seiner Tochter – auch wenn er dies nicht sehr häufig offen zeigt. Er lebt in den Tag hinein und eckt innerhalb der Familie öfter mit seinem augenscheinlichen Desinteresse gegenüber seinen Mitmenschen an. Günther Lorenz bezeichnet sich selbst als ruhigen, wenn auch stoischen Menschen.

Stärken:
geduldig, tolerant

Schwächen:
Desinteresse am Leben anderer, langweilig

Patrick Hager – *Schulfreund von Susanne*

Patrick Hager ist ein alter Schulfreund von Susanne Lorenz. Mittlerweile arbeitet der gelernte Personalfachwirt als HR-Referent in einem mittelgroßen rheinischen Unternehmen.

Schon während seiner Schulzeit war Patrick aufgrund seines hohen Einfühlungsvermögens ein beliebter Mitschüler. Susanne erinnert sich auch heute noch gerne an die Klassenfahrten, Unterrichts- und Freistunden zurück, die sie in ihrer gemeinsamen Clique verbracht haben. Die beiden treffen sich auch heute noch von Zeit zu Zeit, um private, aber auch berufliche Erfahrungen auszutauschen. Damals wie heute begeistert der 28-jährige Hobbyhandballer als Motivationstalent.

Stärken:
motivierend, guter Zuhörer, einfühlsam, verlässlich

Schwächen:
unorganisiert, unpünktlich

Projektteam „Flower Power" Köln:
Peter Schmitz

Peter Schmitz ist seit seiner Ausbildung zum Industriekaufmann für die KESS BauMa GmbH im Produktmanagement tätig. Gerne würde er – wie Susanne Lorenz – eine Projektleitung übernehmen, hat aber bis dato aus für ihn unerklärlichen Gründen noch nicht die Chance dazu erhalten. Zum zweiten Mal darf er mit seinen 38 Jahren lediglich als Projektmitarbeiter in der Marketingabteilung mitwirken. Seine Inflexibilität und sein veraltetes Rollenbild führen des Öfteren zu Konflikten mit Kollegen und vor allem weiblichen Vorgesetzten.

Stärken:
ziel- und teamorientiert, erfahren

Schwächen:
unflexibel, denkt veraltet, zuweilen kontraproduktiv und demotiviert

Max Kowalski

Max Kowalski (31) arbeitet ebenfalls in der Marketingabteilung der KESS BauMa GmbH und kümmert sich dort um den Medienauftritt der Baumarktgruppe. Der junge Mann zeichnet sich durch seine hohe Lernfähigkeit und -bereitschaft aus. Neben einer abgeschlossenen Ausbildung zum Marketingkaufmann hat er neben dem Job ein Fernstudium im Bereich Marketing absolviert. Durch diese weiterführende Qualifikation fühlt er sich vielen seiner Kollegen gegenüber unbegründeterweise fachlich überlegen. Daher glänzt er weniger durch seine fundierten theoretischen Kenntnisse, sondern fällt häufig durch seine Arroganz und Besserwisserei auf. Mit seinem langjährigen Kollegen Peter Schmitz diskutiert er offen über subjektiv wahrgenommene Defizite der Unternehmensführung, die er jedoch niemals gegenüber Vorgesetzten äußern würde.

Stärken:
fundierte Theoriekenntnisse

Schwächen:
unpünktlich, gleichgültig

Sonja Herzog

Sonja Herzog ist als Auszubildende bei der KESS BauMa GmbH tätig. Die angehende Industriekauffrau freut sich über die Möglichkeit, in ihrem dritten Ausbildungsjahr an der Kampagne „Flower Power" mitzuarbeiten. Die 21 Jahre junge Frau hat sich vorgenommen, das Kölner Projektteam hoch motiviert zu unterstützen. Von ihren Kollegen wird sie als schüchterne und ruhige Person wahrgenommen, die jedoch durch ihre positiv-charismatische Ausstrahlung angenehm auffällt. Leider kann sie – anders als in ihrem Freundeskreis – ihre Schüchternheit bei der Arbeit selten ablegen. Sonja Herzog ist beruflich nicht so belastbar, wie sie gerne wäre.

Stärken:
gefühlsbetont, hoch motiviert, talentiert, charismatisch, selbstständig

Schwächen:
wenig belastbar, kann nicht nein sagen, gefühlsbetont, unsicher

Projektteam in Schwerin:

Sophie Müller

Sophie Müller arbeitet bereits viele Jahre bei der KESS BauMa GmbH. Nachdem sie vor sechs Monaten aus der Elternzeit wieder in das Unternehmen zurückgekehrt ist, wurde die ausgebildete Personalsachbearbeiterin aus betrieblichen Gründen in die Marketingabteilung versetzt. Da ihr Mann Rene ebenfalls berufstätig ist, kann sie wegen der Betreuung der gemeinsamen vierjährigen Tochter Stella nur in Teilzeit arbeiten. Dies war einer der Gründe, weshalb sie in die Marketingabteilung versetzt wurde. Ihre Position als Teamassistentin sieht sie nur als vorübergehende Lösung; bei nächster Gelegenheit möchte sie unbedingt wieder in ihre alte Abteilung zurückversetzt werden. Die 33-jährige Mutter stellt ihr Privatleben eindeutig vor berufliche Ziele.

Stärken:
Organisationstalent, geduldig, kommunikationsfähig, selbstsicher

Schwächen:
demotiviert, Marketing ist nicht ihr Fachgebiet, zeigt wenig Einsatzbereitschaft für das Projekt

Ronny Zielinski

Ronny Zielinski ist seit zehn Jahren im Unternehmen. Mit einer Ausbildung zum Industriekaufmann hat der damals 18-jährige seine „Karriere" bei der Baumarktkette begonnen. Nach einigen – aus seiner Sicht – erfolgreichen Jahren im Rechnungswesen entschloss er sich zu einer Zusatzqualifikation im Bereich Marketing bei der IHK. Danach hat Ronny Zielinski sich in die Marketingabteilung versetzen lassen. Eigentlich ist er über seine berufliche Entwicklung hoch zufrieden. In der Regel macht ihm die Arbeit viel Spaß und er freut sich auf jedes neue Projekt.

Im Privatleben des 28-Jährigen ist in den letzten Jahren so einiges schiefgelaufen. Seine einstige Jugendliebe Barbara hat sich vor zwei Jahren von ihm scheiden lassen und ist mit der gemeinsamen achtjährigen Tochter Isabell ausgezogen. Im Rahmen eines gescheiterten Versuchs, sich mit dem Verkauf von Handys selbstständig zu machen, hat er sich verschuldet. Nur das wöchentliche Treffen mit seinen Fußballfreunden verschafft ihm zurzeit noch richtige Freude.

Stärken:
fachlich kompetent, selbstständig, ideenreich, erfahren

Schwächen:
depressiv, kann private Probleme nicht abschalten, ziellos

Sabine Hollerbach

Sabine Hollerbach liebt ihren Beruf und arbeitet für ihr Leben gern. Seit zweieinhalb Jahren setzt sie ihr Know-how und Können bei der KESS BauMa GmbH ein. Obwohl die Mittvierzigerin viele schöne Erinnerung mit ihrer Heimatstadt Hamburg verbindet, hatte sie sich nach der Trennung von ihrem langjährigen Lebensgefährten vor drei Jahren entschlossen, in einer anderen Stadt ein „neues" Leben zu beginnen. Hierzu schien ihr ein Umzug nach Schwerin und ihr neuer Job als Diplom-Psychologin in der Marketingabteilung bei der KESS BauMa GmbH wie ein Wink des Schicksals. Mitunter hatte sie auch die Hoffnung, mit ihrer umfangreichen Erfahrung im Marketingbereich in einem neuen Unternehmen endlich eine Führungsaufgabe übertragen zu bekommen. Als die Stelle als Projektleitung ausgeschrieben wurde, hatte die ehrgeizige Frau insgeheim darauf spekuliert, die Stelle zu bekommen, die nun Susanne Lorenz zugesprochen wurde.

Seit dem Umzug nach Schwerin lebt Sabine Hollerbach alleine und sehr zurückgezogen. Sie konnte bis heute keinen funktionierenden Freundeskreis in der Landeshauptstadt von Mecklenburg-Vorpommern aufbauen. Die berufliche Umorientierung und den Umzug zurück nach Hamburg sieht sie als beruflichen wie privaten Neuanfang.

Stärken:
karriereorientiert, routiniert im Bereich Marketing, fachlich sehr kompetent

Schwächen:
frustriert, hat nur ein Hobby: ihren Beruf

Stefan Kaiser

Stefan Kaiser hat vor 5 Monaten sein BWL-Studium in Magdeburg erfolgreich abgeschlossen. Die KESS BauMa GmbH hat er bereits als Diplomand kennengelernt, damals allerdings noch unter dem „alten" Marketingchef Herrn Banetto. Eigentlich hatte der 25 Jahre junge Mann nicht vor, sich bei der KESS BauMa GmbH zu bewerben. Jedoch musste er schnell einsehen, dass er direkt nach dem Studium nicht die Auswahl an Stellenangeboten hatte, wie er gehofft hatte. Da Stefan Kaiser die nötige Berufserfahrung noch fehlt, gehört er eher zu den Theoretikern im Marketingbereich.

Für seine Stelle bei der Baumarktgruppe musste er von Magdeburg nach Schwerin umziehen. Diesen Wermutstropfen hat er jedoch schnell verwunden. Stefan hatte noch nie Schwierigkeiten, neue Leute kennenzulernen. Vor wenigen Wochen hat er zudem seine neue Freundin Sarah in einer Schweriner Diskothek kennengelernt. Frisch verliebt, denkt er oft den ganzen Tag nur an Sarah. Was ihm allerdings Sorgen macht, ist das Gerücht, dass das dezentrale Marketing aus Schwerin verlegt werden soll. Seine Vorgesetzte – Susanne Lorenz – soll angeblich nur eine Übergangslösung der Zentrale sein.

Stärken:
verlässlich, lernbereit, gesellig

Schwächen:
demotiviert, beruflich orientierungslos

Weitere Personen:

Marianne Kohnen – *Susannes Tante*

Marianne Kohnen (50) ist die jüngere Schwester von Susannes Mutter Elfriede. Seit Susannes Schülerpraktikum in der 9. Klasse – das sie damals beim Arbeitgeber ihrer Patentante absolviert hat – ist Marianne ein großes berufliches Vorbild der jungen Frau. Auch während der Semesterferien arbeitete Susanne immer wieder im Verlagshaus und konnte beobachten, wie sich Marianne Kohnen über die Jahre von der kaufmännischen Angestellten zur Führungskraft heraufgearbeitet hat. Susanne bewundert vor allem, wie tough und ehrgeizig Marianne die Karriereleiter des renommierten Verlagshauses erklommen hat. Über die Jahre ist Marianne zu einer wertvollen Ansprechpartnerin für Susanne geworden.

Stärken:

zielstrebig, hartnäckig, direkte Art

Schwächen:
geringe Kompromissbereitschaft

Ursula Jakobsson – *Susannes Nachbarin*

Ursula Jakobsson wohnt im gleichen Haus wie Susanne Lorenz. Die Hausfrau und Mutter dreier Kinder – Tobias, Ingmar und Elisa – versorgt Susanne immer mit dem neuesten Klatsch und Tratsch und auch gerne mal mit selbstgebackenen Plätzchen oder einem Stück Kuchen.

Stärken:
jederzeit hilfsbereit

Schwächen:
manchmal etwas laut, kann nichts für sich behalten und redet ohne Punkt und Komma

Antonio Gonzalez

Antonio Gonzalez ist 1976 als Kind spanischer Eltern in Münster geboren. Er wuchs nach der Trennung der Eltern bei seiner Mutter, einer Cellistin, auf. Durch die immer wieder wechselnden Engagements seiner Mutter waren sie gezwungen, häufig umzuziehen. Antonio ließ sich schließlich in Schwerin nieder, wo er nach dem Abitur eine Ausbildung zum IT-Kaufmann erfolgreich absolvierte und auch anschließend von seinem Ausbildungsbetrieb, einem kleinen regionalen Dienstleistungsanbieter, übernommen wurde. Vor fünf Jahren erfüllte sich der hoffnungslose Romantiker dann einen Kindheitstraum, als er die Cocktailbar „La Postura Del Sol" eröffnete. Auf Susanne Lorenz trifft er zufällig während eines Einkaufs im Supermarkt.

Stärken:
belastbar, kreativ, geduldig

Schwächen:
unorganisiert, unordentlich

Levent Özgan

Levent Özgan hat nach seinem Realschulabschluss bei den Johannitern ein freiwilliges soziales Jahr absolviert und anschließend seine Ausbildung bei der KESS BauMa GmbH begonnen. Der Azubi im dritten Lehrjahr ist derzeit eigentlich in der PR-Abteilung tätig. Zur kurzfristigen Unterstützung wird der begeisterungsfähige 18-Jährige Teil des Projektteams „Weihnachtskampagne".

Stärken:
engagiert, schnelle Auffassungsgabe, arbeitet selbstständig, belastbar

Schwächen:
aufbrausend, unpünktlich, vorlaut

Mareike Plünecker

Mareike Plünecker (19) ist die Nichte des Betriebsratsvorsitzenden der KESS BauMa GmbH – Dietrich Plünecker. Sie hat gerade das Abitur mit sehr guten Noten bestanden und absolviert in der Abteilung von Susanne Lorenz ein zweimonatiges, freiwilliges Praktikum. Sie ist Teil des Projektteams zur Neugestaltung des alljährlichen Weihnachtsprospektes.

Stärken:
fleißig, ehrlich, stets freundlich

Schwächen:
schüchtern, wirkt manchmal hilflos

Henning Woltermann

Der gebürtige Bremer Henning Woltermann hat für die Möglichkeit, in der Marketing-Abteilung der KESS BauMa GmbH in Schwerin zu arbeiten, seine Heimatstadt verlassen. Der gelernte Diplom-Kaufmann nimmt für diese Chance eine Wochenendehe mit seiner Frau Lea inkauf. Dies fällt dem 36-jährigen Vater von zwei Töchtern – Carolin und Jasmin – alles andere als leicht. Sobald er die Probezeit erfolgreich absolviert hat, sollen auch seine Frau und die gemeinsamen Kinder schnellstmöglich nach Schwerin ziehen.

Stärken:
ehrgeizig, hohe fachliche Kompetenz, Berufserfahrung, geduldiger Vater

Schwächen:
mangelhafte Teamfähigkeit

Anhang

Lösung Aufgabenbox: Lewin

	Autoritär	Kooperativ	Laissez-faire
Arbeitsquantität	**hoch**	**mittel**	**mittel**
Arbeitsqualität	**mittel**	**hoch**	**mittel**
Zufriedenheit	**gering**	**hoch**	**mittel**
Spannungen	**hoch**	**mittel**	**mittel**

Musterlösung Aufgabenbox: Maslow

Selbstverwirklichungsbedürfnisse	Interessante Tätigkeit Freie Arbeitszeitgestaltung Mitwirkungsmöglichkeiten Entscheidungsbefugnisse
Anerkennungsbedürfnisse	Lob, Anerkennung Aufstiegsmöglichkeiten, Karriere Titel, Visitenkarten, Firmenwagen Delegation, Entscheidungsbefugnisse Erfolgsbeteiligung, Prämie
Soziale Bedürfnisse	Teammeetings Teilnahme an Konferenzen, Tagungen Betriebsfeiern, Betriebsausflüge Mitarbeiterzeitung Gruppen- und Teamarbeit Kaffeeecken, Gemeinschaftsräume
Sicherheitsbedürfnisse	Unbefristeter Arbeitsplatz Kündigungsschutz, Tarifvertrag Betriebliche Unfallversicherung Unfallverhütung Klare Regeln und Vorschriften im Betrieb Berechenbarkeit des Führungsverhaltens

Physiologische Bedürfnisse	Vergütung Ergonomischer Arbeitsplatz Obst, Wasser kostenlos Kantine (Essenszuschuss) Betriebsarzt Personalrabatt, Mietbeihilfe, Darlehen...

Lösung Aufgabenbox: Kurzfristige Deckung von akutem Personalbedarf

1. Einsatz von Leiharbeitern über eine Personalleasing-Firma
2. Beschäftigung eines Praktikanten oder einer (studentischen) Aushilfskraft
3. Beschäftigung einer Teilzeitkraft
4. (Zeitlich befristete) Versetzung eines Mitarbeiters aus einer anderen Abteilung

Lösung Aufgabenbox: Formulierung eines Arbeitszeugnisses

Ihre Aufgaben erledigte Frau Hollerbach selbstständig und mit genügender Sorgfalt und Genauigkeit. (**4**) Durch die aktive, regelmäßige Teilnahme an freiwilligen Weiterbildungskursen hat Frau Hollerbach ihr Fachwissen um ein Vielfaches erweitert. Ihre neu erworbenen Kennt-nisse setzte sie sofort sehr erfolgreich in die Praxis um. (**1**) Auf der Basis ihrer schnellen Auffassungsgabe arbeitete sich Frau Hollerbach eigenständig in neue Aufgabenfelder ein. (**3**) Sie war eine belastbare Mitarbeiterin, deren Arbeitsqualität uns auch bei wechselnden Anforderungen zufriedenstellte. (**4**) Bei der Bewältigung ihres Aufgabenbereiches zeigte sie keinerlei Unsicherheiten. (**4**) In ihrem Arbeitsbereich hat sie sich engagiert eingearbeitet. Bei personellen Engpässen und anderen Anlässen übernahm sie immer zusätzliche Aufgaben. (**2**) Die Qualität ihrer Arbeit genügte hohen Ansprüchen. (**3**) Die Aufgaben ihrer Position hat sie zu unserer vollen Zufriedenheit erfüllt und unseren Anforderungen in jeder Hinsicht entsprochen. (**3**)

Lösung Aufgabenbox: „Englisch“

Was heißt auf Englisch?		
Rechnung	× Invoice	Receipt
Branche	Affiliate	× Industry
Was bedeutet ...?		
to be on the make	× auf Geld aus sein	machbar sein
Protokoll schreiben	× to take minutes	to take protocol
Bis zu einem gewissen Grad	to a certain rank	× to a certain extend
Vervollständigen Sie bitte den Satz!		
I ..... a lot of money if I hadn't listened to your advice.	would make	× would have made
That issue is yet	having resolved	× to be resolved
Hiring Thomas has .... a positive impact on the growth of our company.	× had	been had
There is a new .... for leave applications.	× form	formula
Let us talk about our .... project.	present	× current

Quellenangaben

J. Hentze, A. Graf, A. Kammel, K. Lindert: Personalführungslehre, 4. Auflage.
K. Olfert: Personalwirtschaft, Kiehl Verlag. 2008
W. Staehle: Management. München 1999
H. Steinmann, G. Schreyögg: Management. Wiesbaden 2005
F. E. Fiedler: A Theory of Leadership Effectiveness. New York 1967
R. Wunderer, W. Grunwald: Führungslehre. Band I, Berlin 1980
J. Hentze, A. Graf, A. Kammel, K. Lindert: Personalführung. Stuttgart 2005
R. R. Blake, J. S. Mouton: Verhaltenspsychologie im Betrieb. Düsseldorf 1964
A. B. Weinert: Organisationspsychologie. Weinheim 1998
D. Holtbrügge: Personalmanagement. Berlin, Heidelberg, New York 2005
W. Georg, G. Grüner, O. Kahl: Kleines berufspädagogisches Lexikon. Bielefeld 1995
R. Bröckermann: Personalwirtschaft, Lehr- und Übungsbuch für Human Resource Management. Stuttgart 2003
J. Hentze, A. Kammel: Personalwirtschaftslehre. Bern, Stuttgart, Wien 2001
U. Drzyzga: Personalgespräche richtig führen. Beck-Wirtschaftsberater. 2000

Boxenübersicht

Aufgabenboxen

Infoboxen

Lernboxen